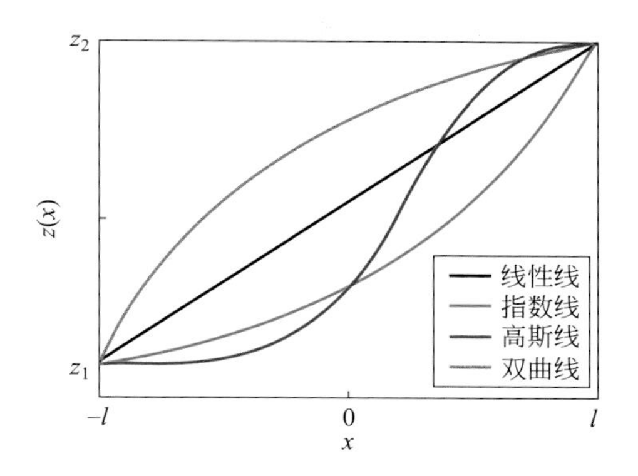

图 1.3 线性线、指数线、高斯线和双曲线的沿线特性阻抗变化规律

图 1.4 基于 LTD 模块的 Z 箍缩驱动器设计原理图

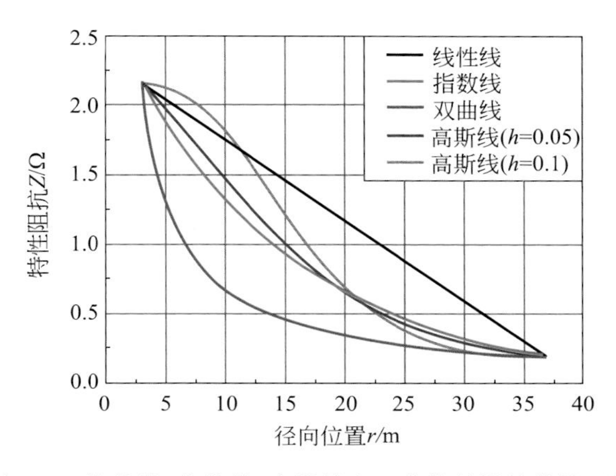

图 2.2 线性线、指数线、高斯线和双曲线的沿线特性阻抗随径向位置的变化曲线

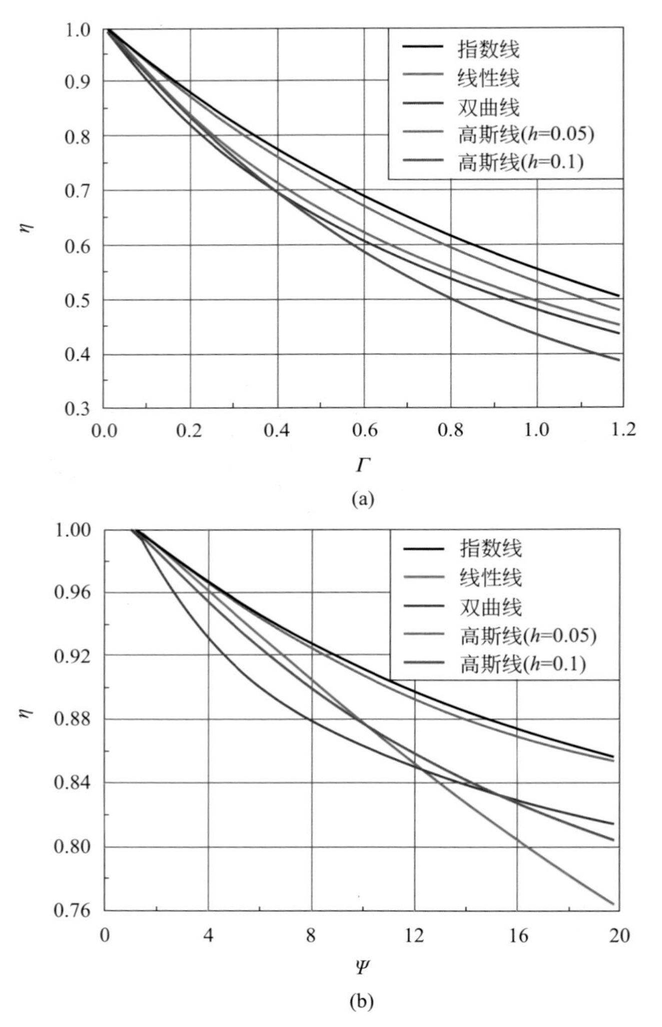

图 2.3　线性线、指数线、高斯线和双曲线的 η 与 Γ 和 Ψ 的关系

(a) η 与 Γ 的关系；(b) η 与 Ψ 的关系

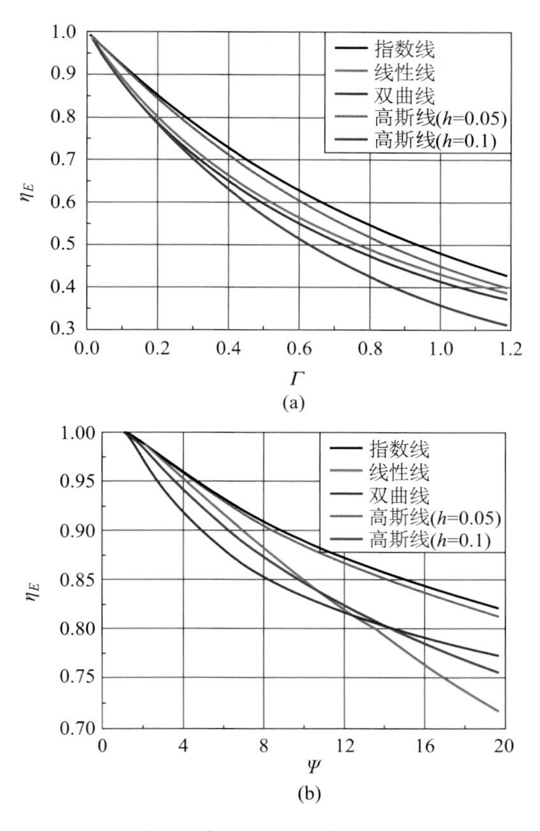

图 2.4　线性线、指数线、高斯线和双曲线的 η_E 与 Γ 和 Ψ 的关系

(a) η_E 与 Γ 的关系；(b) η_E 与 Ψ 的关系

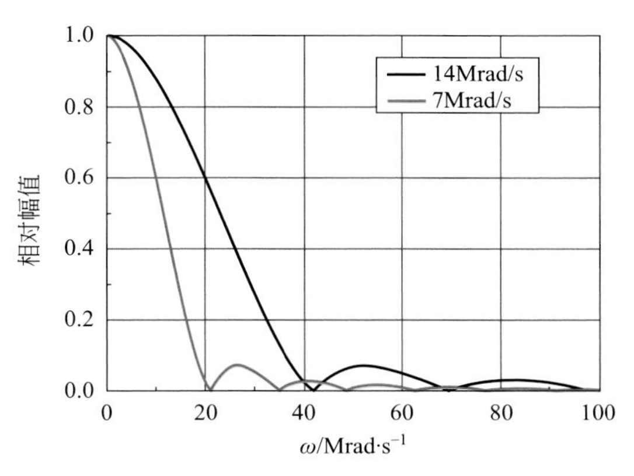

图 2.5　不同角频率的半正弦脉冲的傅里叶频谱幅值图

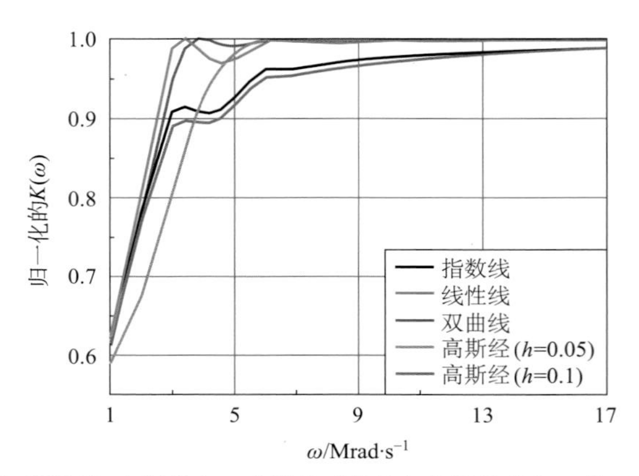

图 2.6　线性线、指数线、高斯线和双曲线线型非均匀传输线的归一化 $K(\omega)$ 与 ω 的关系

参数设置：$T_{\mathrm{FWHM}}=150\mathrm{ns}$，$T_{\mathrm{line}}=1009\mathrm{ns}$，$Z_{\mathrm{input}}=0.203\Omega$

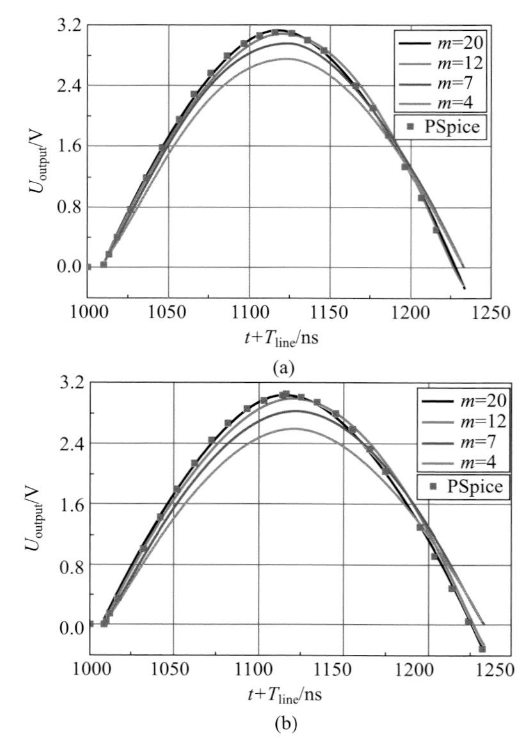

图 3.2　根据式(3.8)得到的指数线和线性线负载电压波形和利用 PSpice 软件得到的负载电压波形的比较

(a) 指数线；(b) 线性线

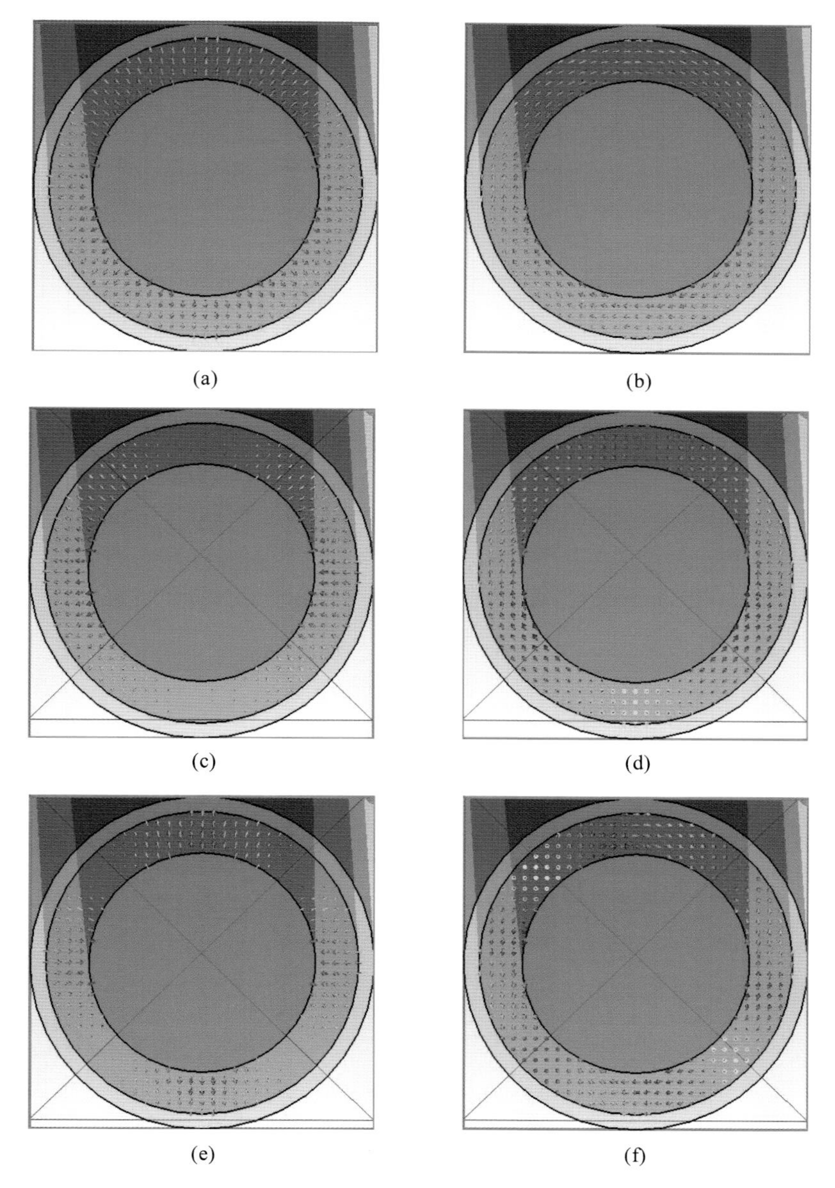

图 4.3　三维电磁场仿真得到的同轴非均匀传输线端口前三个模式的电力线和磁力线

(a) 第一个模式的电力线；(b) 第一个模式的磁力线；(c) 第二个模式的电力线；(d) 第二个模式的磁力线；(e) 第三个模式的电力线；(f) 第三个模式的磁力线

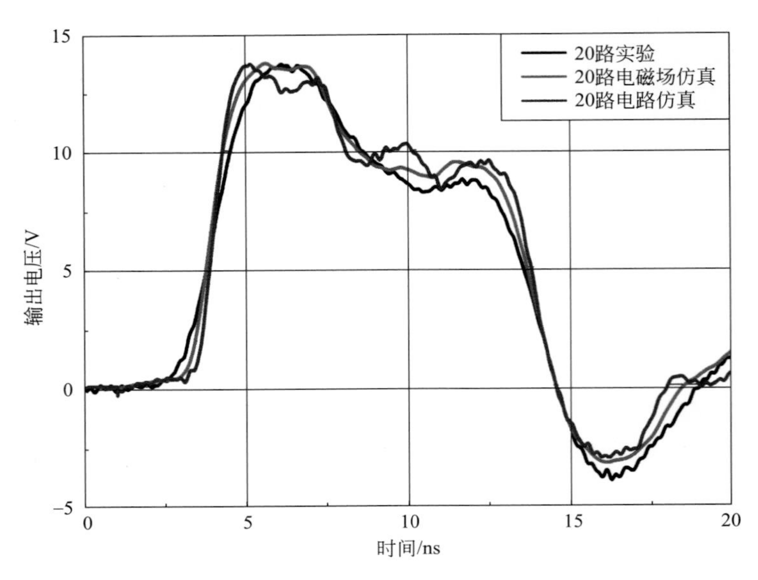

图 5.14　正常情形下整体径向传输线输出电压实验、三维电磁场仿真和电路仿真结果比较

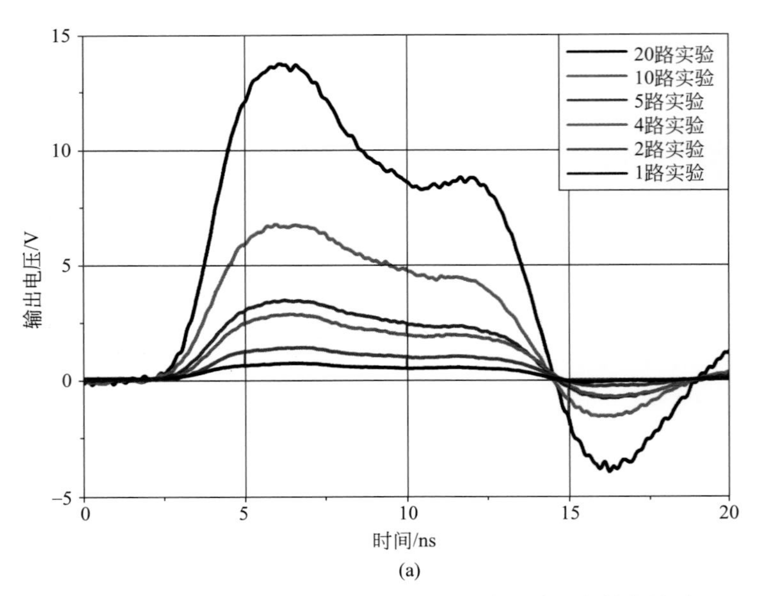

图 5.15　整体径向传输线的输出电压与输入端口个数的关系

(a) 实验测得的输出电压；(b) 归一化的输出电压

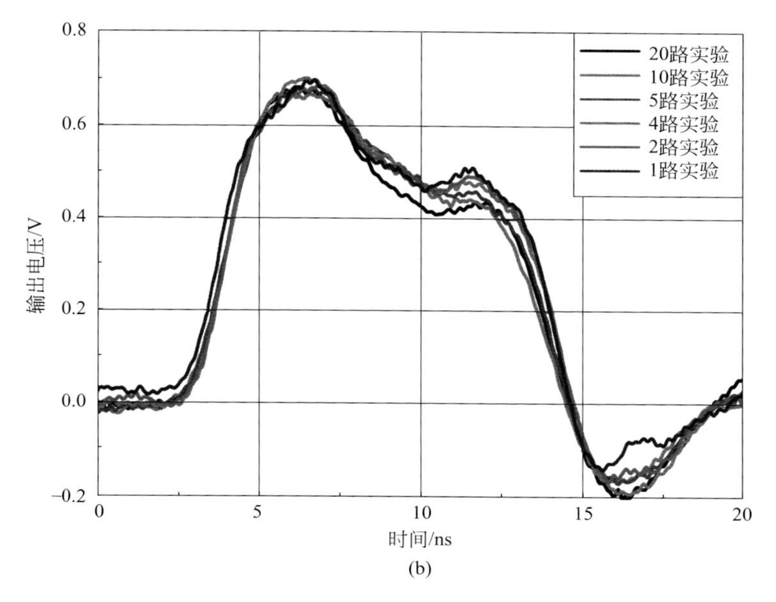

(b)

图 5.15 （续）

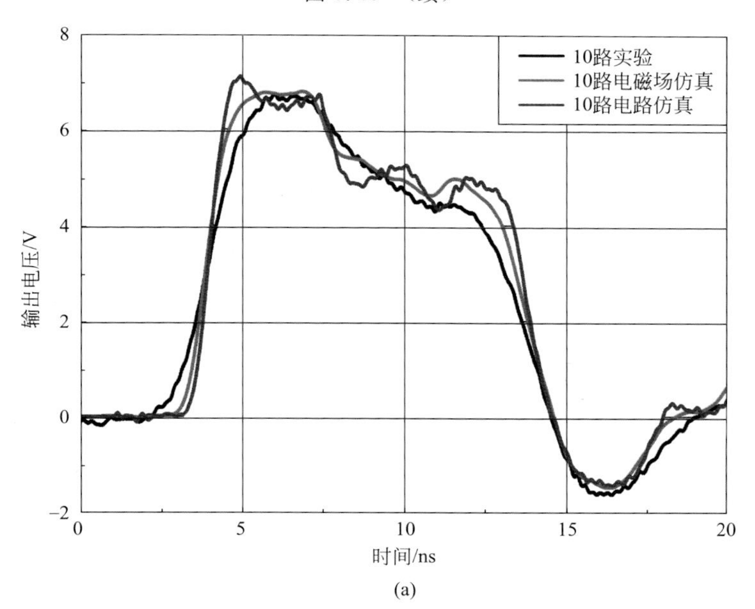

(a)

图 5.16 不同输入端口数目情形下整体径向传输线输出电压实验、三维电磁场仿真和电路仿真结果比较

(a) 10 路；(b) 5 路；(c) 4 路；(d) 2 路；(e) 1 路

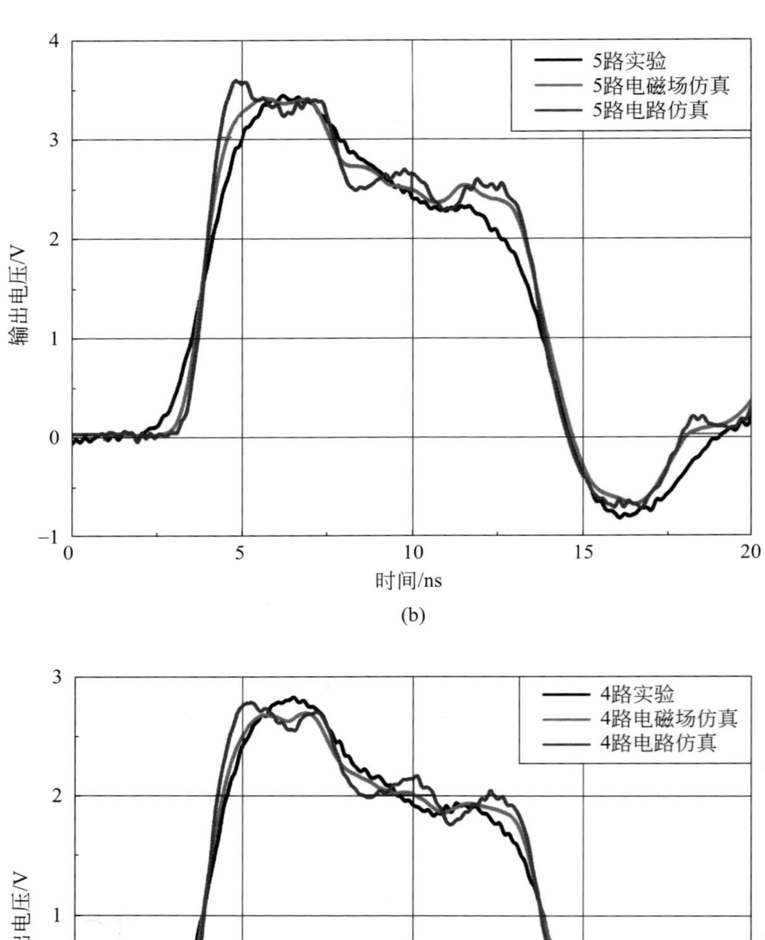
5路实验
5路电磁场仿真
5路电路仿真
输出电压/V
时间/ns
4
3
2
1
0
−1
0
5
10
15
20

(b)

4路实验
4路电磁场仿真
4路电路仿真
输出电压/V
时间/ns
3
2
1
0
−1
0
5
10
15
20

(c)

图 5.16 （续）

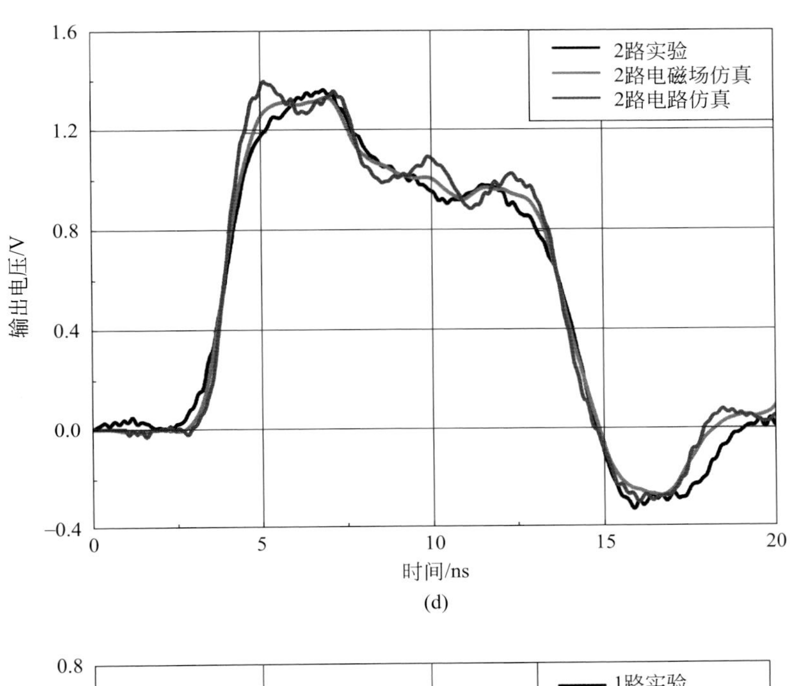
2路实验
2路电磁场仿真
2路电路仿真
输出电压/V
1.6
1.2
0.8
0.4
0.0
−0.4
0
5
10
15
20
时间/ns
(d)

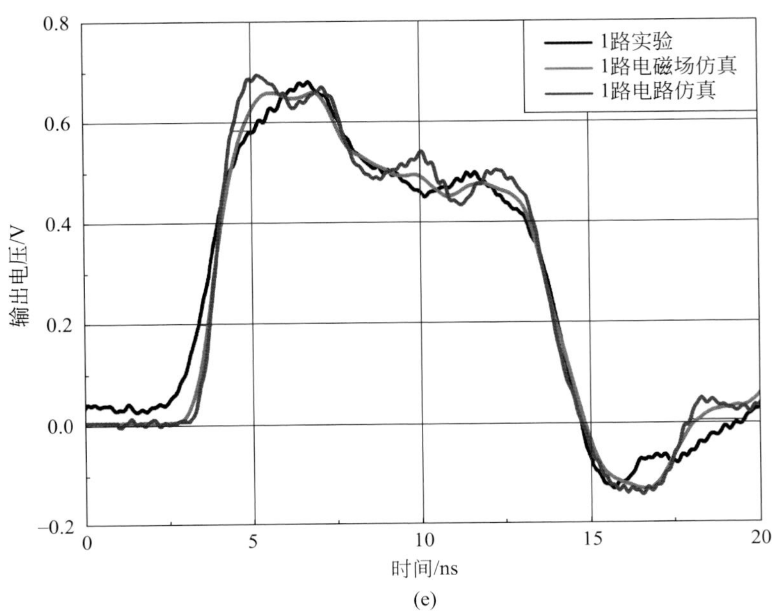
1路实验
1路电磁场仿真
1路电路仿真
输出电压/V
0.8
0.6
0.4
0.2
0.0
−0.2
0
5
10
15
20
时间/ns
(e)

图 5.16 （续）

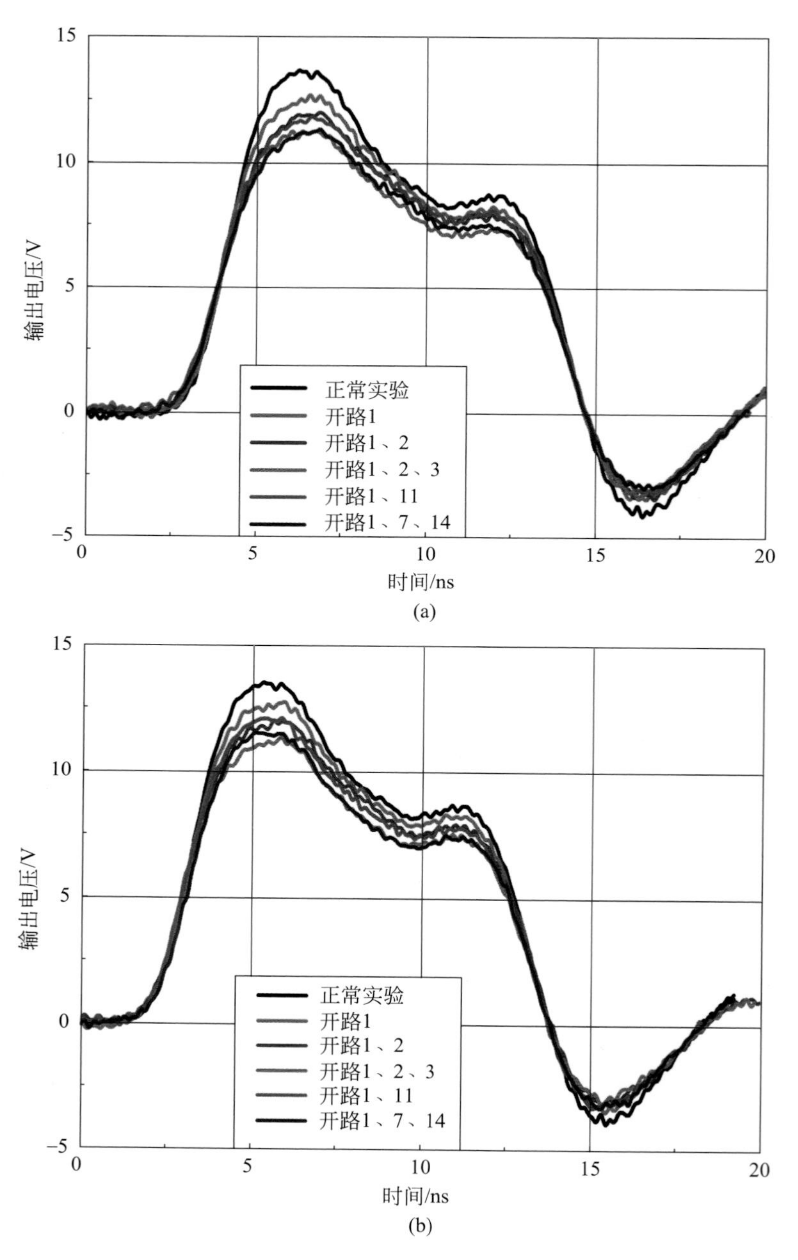

图 5.21 发生开路故障情况下的输出电压

(a) 整体径向传输线输入端口开路；(b) 21 路分路器输出端口开路

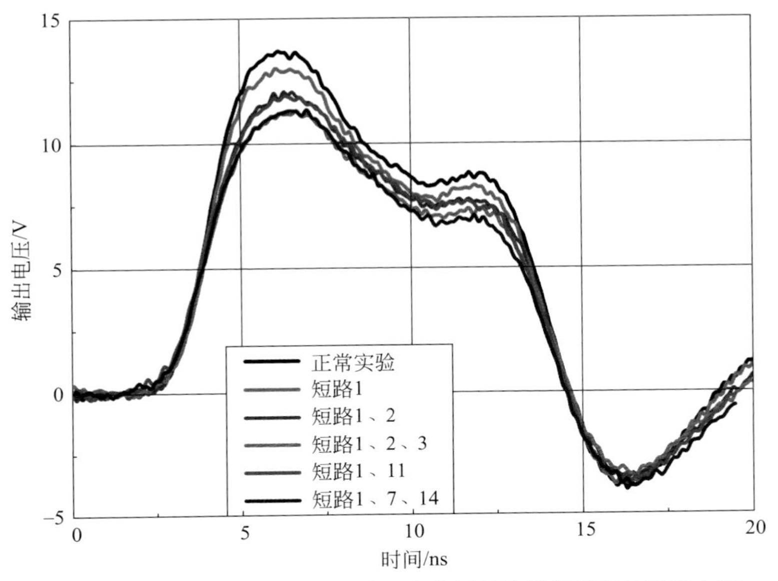

图 5.23　整体径向传输线输入端口发生短路故障情形下的输出电压

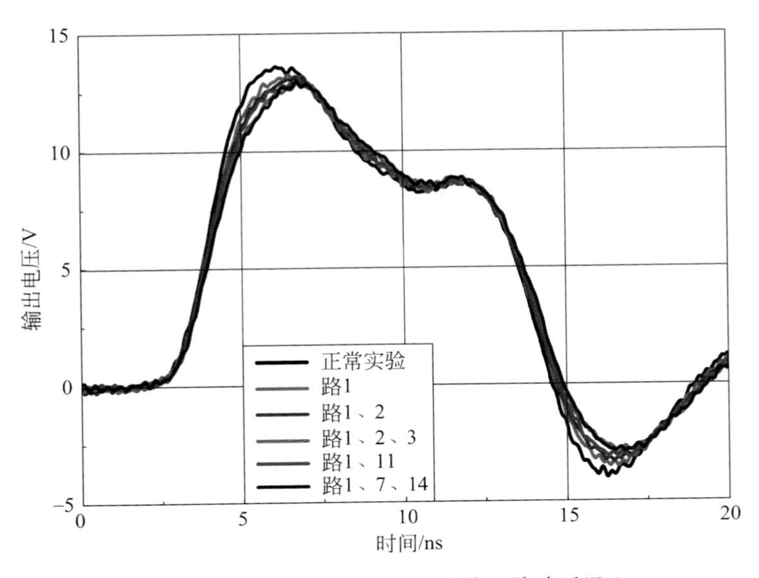

图 5.25　整体径向传输线的部分输入脉冲延迟 2ns
注入情形下得到的输出电压

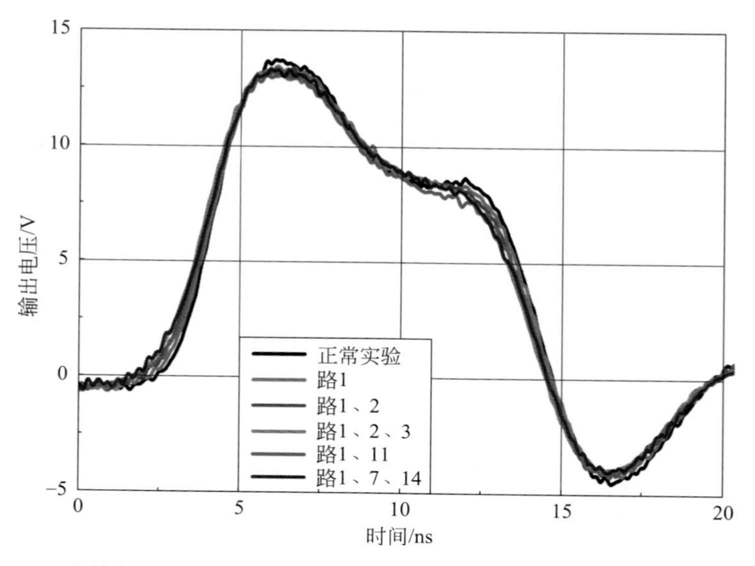

图 5.26 整体径向传输线的部分输入脉冲提前 2ns 注入情形下得到的输出电压

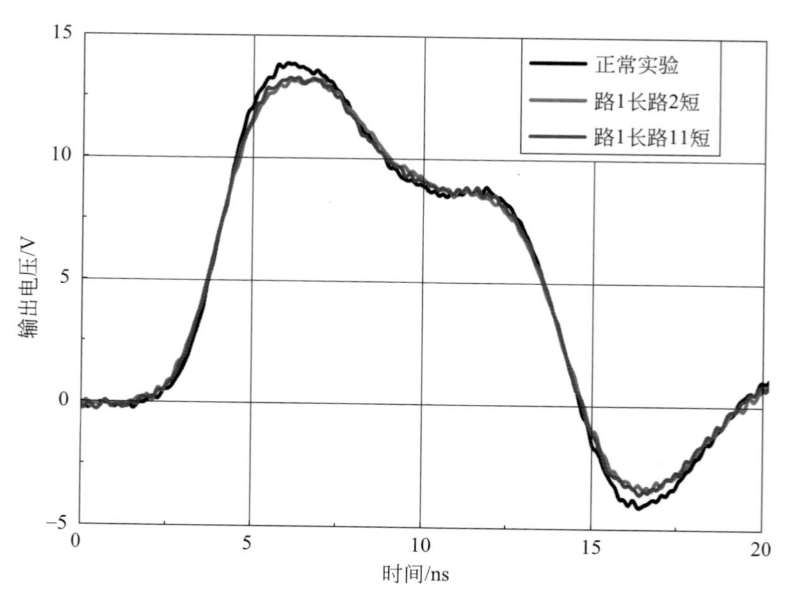

图 5.27 整体径向传输线的一路输入脉冲延迟 2ns 注入，另一路输入脉冲提前 2ns 注入情形下得到的输出电压

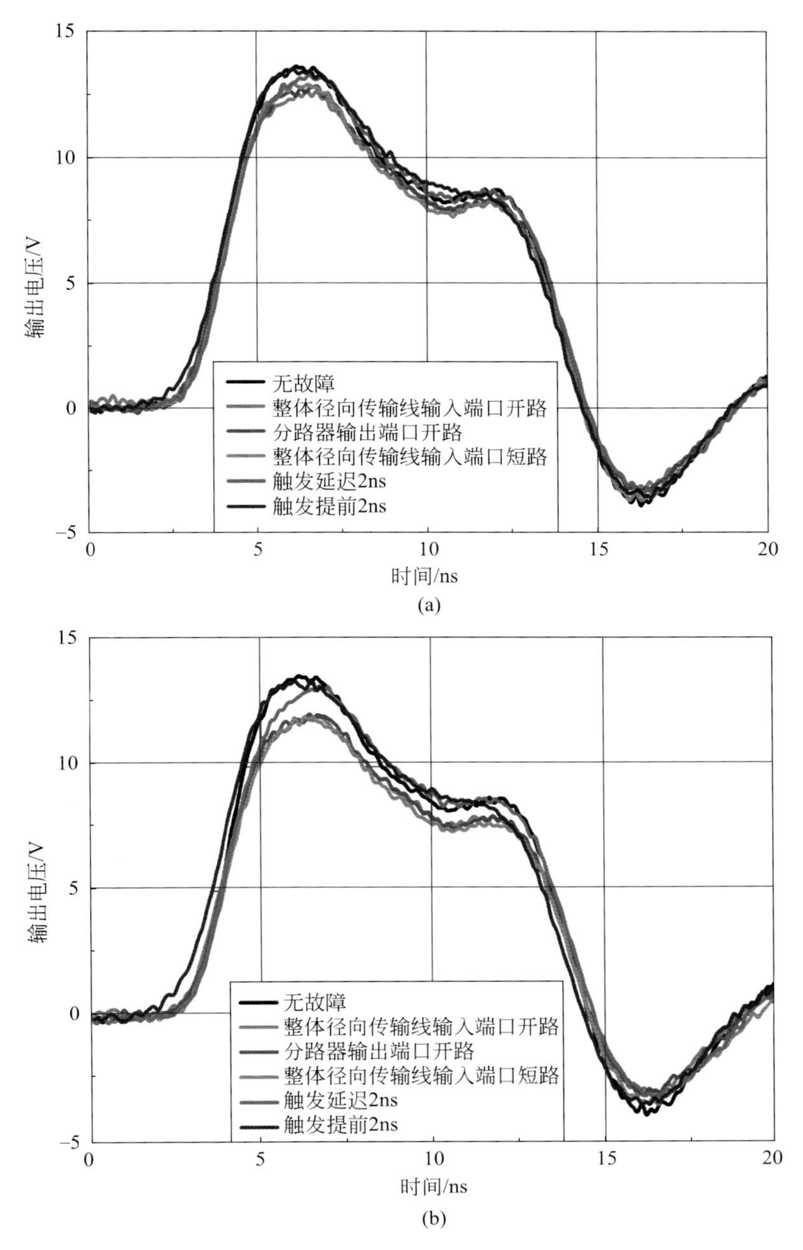

图 5.28 不同支路发生各种故障情形下的输出电压

(a) 路 1 发生故障；(b) 路 1、2 发生故障；(c) 路 1、2、3 发生故障；

(d) 路 1、11 发生故障；(e) 路 1、7、14 发生故障

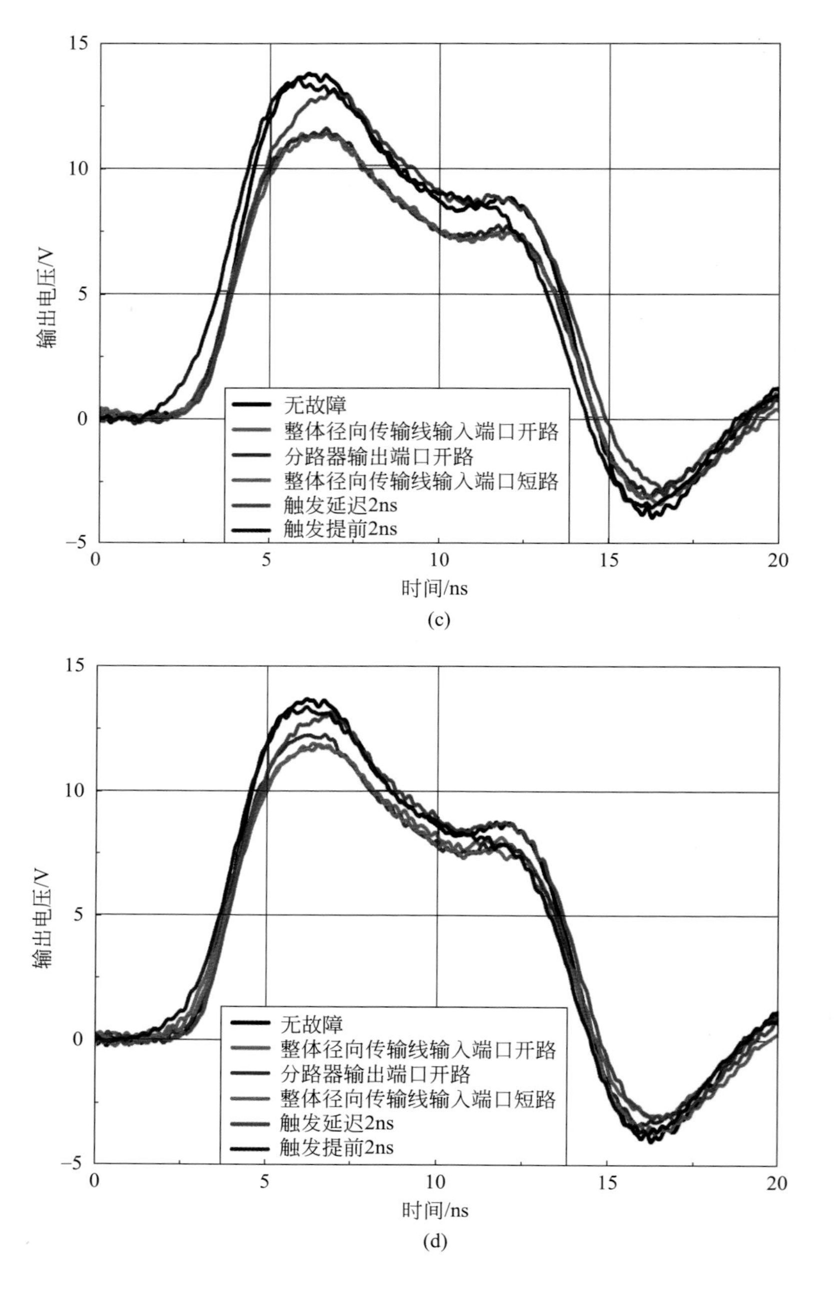

15
10
5
0
−5
0
5
10
15
20
输出电压/V
时间/ns
无故障
整体径向传输线输入端口开路
分路器输出端口开路
整体径向传输线输入端口短路
触发延迟2ns
触发提前2ns
(c)
15
10
5
0
−5
0
5
10
15
20
输出电压/V
时间/ns
无故障
整体径向传输线输入端口开路
分路器输出端口开路
整体径向传输线输入端口短路
触发延迟2ns
触发提前2ns
(d)

图 5.28 （续）

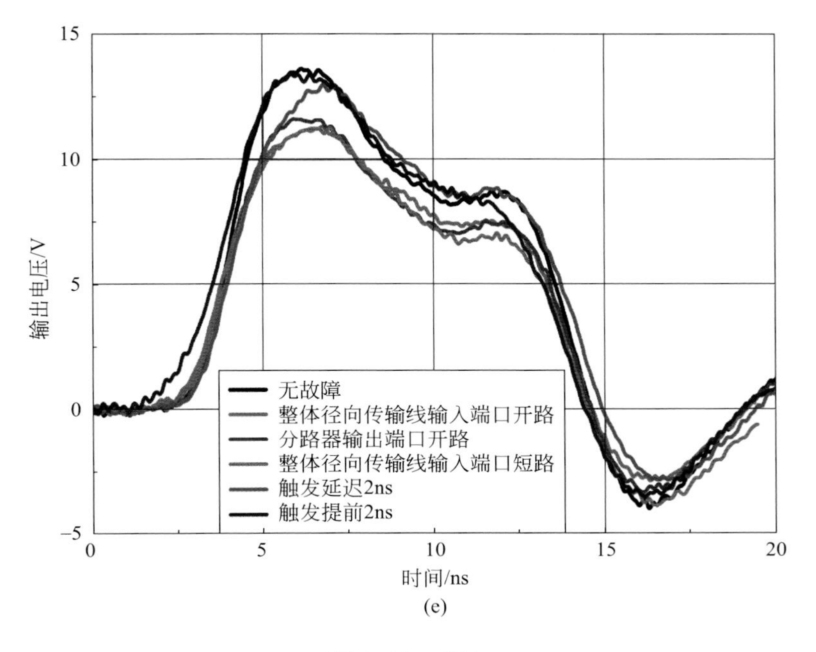

15
10
5
0
−5
0
5
10
15
20
输出电压/V
时间/ns
无故障
整体径向传输线输入端口开路
分路器输出端口开路
整体径向传输线输入端口短路
触发延迟2ns
触发提前2ns

(e)

图 5.28 （续）

清华大学优秀博士学位论文丛书

用于拍瓦级脉冲驱动源的整体径向传输线的研究

毛重阳 著　Mao Chongyang

Investigation on the Monolithic Radial Transmission Line Used in Petawatt-class Pulsed Power Drivers

清华大学出版社
北　京

内 容 简 介

整体径向传输线是未来拍瓦级脉冲驱动源中可能采用的一种传输线，其用途是实现多路脉冲并联汇流和进行阻抗变换。本书通过电路仿真和解析分析研究了整体径向传输线的阻抗变化规律对其传输特性的影响，通过三维电磁场仿真研究了整体径向传输线的三维几何外形对其传输特性的影响，并最终通过实验检验了三维电磁场建模和仿真的可靠性。全书推导过程严密、细致，仿真建模可靠、符合实际，实验重复性好，力求为整体径向传输线在脉冲功率技术领域的应用打下基础。

图书在版编目(CIP)数据

用于拍瓦级脉冲驱动源的整体径向传输线的研究/毛重阳著. —北京：清华大学出版社，2019
(清华大学优秀博士学位论文丛书)
ISBN 978-7-302-53068-8

Ⅰ.①用… Ⅱ.①毛… Ⅲ.①径向传输线—研究 Ⅳ.①TN811

中国版本图书馆 CIP 数据核字(2019)第 098430 号

责任编辑：王 倩
封面设计：傅瑞学
责任校对：刘玉霞
责任印制：沈 露

出版发行：清华大学出版社
网 址：http://www.tup.com.cn， http://www.wqbook.com
地 址：北京清华大学学研大厦 A 座 **邮 编**：100084
社 总 机：010-62770175 **邮 购**：010-62786544
投稿与读者服务：010-62776969，c-service@tup.tsinghua.edu.cn
质量反馈：010-62772015，zhiliang@tup.tsinghua.edu.cn
印 刷 者：三河市铭诚印务有限公司
装 订 者：三河市启晨纸制品加工有限公司
经 销：全国新华书店
开 本：155mm×235mm **印 张**：8 **插 页**：8 **字 数**：148 千字
版 次：2019 年 8 月第 1 版 **印 次**：2019 年 8 月第 1 次印刷
定 价：59.00 元

产品编号：080950-01

一流博士生教育
体现一流大学人才培养的高度(代丛书序)[①]

人才培养是大学的根本任务。只有培养出一流人才的高校,才能够成为世界一流大学。本科教育是培养一流人才最重要的基础,是一流大学的底色,体现了学校的传统和特色。博士生教育是学历教育的最高层次,体现出一所大学人才培养的高度,代表着一个国家的人才培养水平。清华大学正在全面推进综合改革,深化教育教学改革,探索建立完善的博士生选拔培养机制,不断提升博士生培养质量。

学术精神的培养是博士生教育的根本

学术精神是大学精神的重要组成部分,是学者与学术群体在学术活动中坚守的价值准则。大学对学术精神的追求,反映了一所大学对学术的重视、对真理的热爱和对功利性目标的摒弃。博士生教育要培养有志于追求学术的人,其根本在于学术精神的培养。

无论古今中外,博士这一称号都是和学问、学术紧密联系在一起,和知识探索密切相关。我国的博士一词起源于2000多年前的战国时期,是一种学官名。博士任职者负责保管文献档案、编撰著述,须知识渊博并负有传授学问的职责。东汉学者应劭在《汉官仪》中写道:“博者,通博古今;士者,辩于然否。”后来,人们逐渐把精通某种职业的专门人才称为博士。博士作为一种学位,最早产生于12世纪,最初它是加入教师行会的一种资格证书。19世纪初,德国柏林大学成立,其哲学院取代了以往神学院在大学中的地位,在大学发展的历史上首次产生了由哲学院授予的哲学博士学位,并赋予了哲学博士深层次的教育内涵,即推崇学术自由、创造新知识。哲学博士的设立标志着现代博士生教育的开端,博士则被定义为独立从事学术研究、具备创造新知识能力的人,是学术精神的传承者和光大者。

---

① 本文首发于《光明日报》,2017年12月5日。

博士生学习期间是培养学术精神最重要的阶段。博士生需要接受严谨的学术训练，开展深入的学术研究，并通过发表学术论文、参与学术活动及博士论文答辩等环节，证明自身的学术能力。更重要的是，博士生要培养学术志趣，把对学术的热爱融入生命之中，把捍卫真理作为毕生的追求。博士生更要学会如何面对干扰和诱惑，远离功利，保持安静、从容的心态。学术精神特别是其中所蕴含的科学理性精神、学术奉献精神不仅对博士生未来的学术事业至关重要，对博士生一生的发展都大有裨益。

独创性和批判性思维是博士生最重要的素质

博士生需要具备很多素质，包括逻辑推理、言语表达、沟通协作等，但是最重要的素质是独创性和批判性思维。

学术重视传承，但更看重突破和创新。博士生作为学术事业的后备力量，要立志于追求独创性。独创意味着独立和创造，没有独立精神，往往很难产生创造性的成果。1929 年 6 月 3 日，在清华大学国学院导师王国维逝世二周年之际，国学院师生为纪念这位杰出的学者，募款修造"海宁王静安先生纪念碑"，同为国学院导师的陈寅恪先生撰写了碑铭，其中写道："先生之著述，或有时而不章；先生之学说，或有时而可商；惟此独立之精神，自由之思想，历千万祀，与天壤而同久，共三光而永光。"这是对于一位学者的极高评价。中国著名的史学家、文学家司马迁所讲的"究天人之际，通古今之变，成一家之言"也是强调要在古今贯通中形成自己独立的见解，并努力达到新的高度。博士生应该以"独立之精神、自由之思想"来要求自己，不断创造新的学术成果。

诺贝尔物理学奖获得者杨振宁先生曾在 20 世纪 80 年代初对到访纽约州立大学石溪分校的 90 多名中国学生、学者提出："独创性是科学工作者最重要的素质。"杨先生主张做研究的人一定要有独创的精神、独到的见解和独立研究的能力。在科技如此发达的今天，学术上的独创性变得越来越难，也愈加珍贵和重要。博士生要树立敢为天下先的志向，在独创性上下功夫，勇于挑战最前沿的科学问题。

批判性思维是一种遵循逻辑规则、不断质疑和反省的思维方式，具有批判性思维的人勇于挑战自己、敢于挑战权威。批判性思维的缺乏往往被认为是中国学生特有的弱项，也是我们在博士生培养方面存在的一个普遍问题。2001 年，美国卡内基基金会开展了一项"卡内基博士生教育创新计划"，针对博士生教育进行调研，并发布了研究报告。该报告指出：在美国和欧洲，培养学生保持批判而质疑的眼光看待自己、同行和导师的观点同样非常不容易，批判性思维的培养必须要成为博士生培养项目的组成部分。

对于博士生而言，批判性思维的养成要从如何面对权威开始。为了鼓励学生质疑学术权威、挑战现有学术范式，培养学生的挑战精神和创新能力，清华大学在2013年发起“巅峰对话”，由学生自主邀请各学科领域具有国际影响力的学术大师与清华学生同台对话。该活动迄今已经举办了21期，先后邀请17位诺贝尔奖、3位图灵奖、1位菲尔兹奖获得者参与对话。诺贝尔化学奖得主巴里·夏普莱斯(Barry Sharpless)在2013年11月来清华参加“巅峰对话”时，对于清华学生的质疑精神印象深刻。他在接受媒体采访时谈道：“清华的学生无所畏惧，请原谅我的措辞，但他们真的很有胆量。”这是我听到的对清华学生的最高评价，博士生就应该具备这样的勇气和能力。培养批判性思维更难的一层是要有勇气不断否定自己，有一种不断超越自己的精神。爱因斯坦说：“在真理的认识方面，任何以权威自居的人，必将在上帝的嬉笑中垮台。”这句名言应该成为每一位从事学术研究的博士生的箴言。

提高博士生培养质量有赖于构建全方位的博士生教育体系

一流的博士生教育要有一流的教育理念，需要构建全方位的教育体系，把教育理念落实到博士生培养的各个环节中。

在博士生选拔方面，不能简单按考分录取，而是要侧重评价学术志趣和创新潜力。知识结构固然重要，但学术志趣和创新潜力更关键，考分不能完全反映学生的学术潜质。清华大学在经过多年试点探索的基础上，于2016年开始全面实行博士生招生“申请-审核”制，从原来的按照考试分数招收博士生转变为按科研创新能力、专业学术潜质招收，并给予院系、学科、导师更大的自主权。《清华大学“申请-审核”制实施办法》明晰了导师和院系在考核、遴选和推荐上的权力和职责，同时确定了规范的流程及监管要求。

在博士生指导教师资格确认方面，不能论资排辈，要更看重教师的学术活力及研究工作的前沿性。博士生教育质量的提升关键在于教师，要让更多、更优秀的教师参与到博士生教育中来。清华大学从2009年开始探索将博士生导师评定权下放到各学位评定分委员会，允许评聘一部分优秀副教授担任博士生导师。近年来学校在推进教师人事制度改革过程中，明确教研系列助理教授可以独立指导博士生，让富有创造活力的青年教师指导优秀的青年学生，师生相互促进、共同成长。

在促进博士生交流方面，要努力突破学科领域的界限，注重搭建跨学科的平台。跨学科交流是激发博士生学术创造力的重要途径，博士生要努力提升在交叉学科领域开展科研工作的能力。清华大学于2014年创办了“微沙龙”平台，同学们可以通过微信平台随时发布学术话题、寻觅学术伙伴。3年来，博士生参与和发起“微沙龙”12 000多场，参与博士生达38 000多人次。“微沙龙”促进了不同学科学生之间的思想碰撞，激发了同学们的学术志趣。清华于2002年创办了博士生论坛，论坛由同学自己组织，师生共同参与。博士生论坛持续举办了500期，开展了18 000多场学术报告，切实起到了师生互动、教学相长、学科交融、促进交流的作用。学校积极资助博士生到世界一流大学开展交流与合作研究，超过60%的博士生有海外访学经历。清华于2011年设立了发展中国家博士生项目，鼓励学生到发展中国家亲身体验和调研，在全球化背景下研究发展中国家的各类问题。

在博士学位评定方面，权力要进一步下放，学术判断应该由各领域的学者来负责。院系二级学术单位应该在评定博士论文水平上拥有更多的权力，也应担负更多的责任。清华大学从2015年开始把学位论文的评审职责授权给各学位评定分委员会，学位论文质量和学位评审过程主要由各学位分委员会进行把关，校学位委员会负责学位管理整体工作，负责制度建设和争议事项处理。

全面提高人才培养能力是建设世界一流大学的核心。博士生培养质量的提升是大学办学质量提升的重要标志。我们要高度重视、充分发挥博士生教育的战略性、引领性作用，面向世界、勇于进取，树立自信、保持特色，不断推动一流大学的人才培养迈向新的高度。

邱勇

清华大学校长

2017年12月5日

丛书序二

以学术型人才培养为主的博士生教育，肩负着培养具有国际竞争力的高层次学术创新人才的重任，是国家发展战略的重要组成部分，是清华大学人才培养的重中之重。

作为首批设立研究生院的高校，清华大学自20世纪80年代初开始，立足国家和社会需要，结合校内实际情况，不断推动博士生教育改革。为了提供适宜博士生成长的学术环境，我校一方面不断地营造浓厚的学术氛围，一方面大力推动培养模式创新探索。我校已多年运行一系列博士生培养专项基金和特色项目，激励博士生潜心学术、锐意创新，提升博士生的国际视野，倡导跨学科研究与交流，不断提升博士生培养质量。

博士生是最具创造力的学术研究新生力量，思维活跃，求真求实。他们在导师的指导下进入本领域研究前沿，吸取本领域最新的研究成果，拓宽人类的认知边界，不断取得创新性成果。这套优秀博士学位论文丛书，不仅是我校博士生研究工作前沿成果的体现，也是我校博士生学术精神传承和光大的体现。

这套丛书的每一篇论文均来自学校新近每年评选的校级优秀博士学位论文。为了鼓励创新，激励优秀的博士生脱颖而出，同时激励导师悉心指导，我校评选校级优秀博士学位论文已有20多年。评选出的优秀博士学位论文代表了我校各学科最优秀的博士学位论文的水平。为了传播优秀的博士学位论文成果，更好地推动学术交流与学科建设，促进博士生未来发展和成长，清华大学研究生院与清华大学出版社合作出版这些优秀的博士学位论文。

感谢清华大学出版社，悉心地为每位作者提供专业、细致的写作和出版指导，使这些博士论文以专著方式呈现在读者面前，促进了这些最新的优秀研究成果的快速广泛传播。相信本套丛书的出版可以为国内外各相关领域或交叉领域的在读研究生和科研人员提供有益的参考，为相关学科领域的发展和优秀科研成果的转化起到积极的推动作用。

感谢丛书作者的导师们。这些优秀的博士学位论文，从选题、研究到成文，离不开导师的精心指导。我校优秀的师生导学传统，成就了一项项优秀的研究成果，成就了一大批青年学者，也成就了清华的学术研究。感谢导师们为每篇论文精心撰写序言，帮助读者更好地理解论文。

感谢丛书的作者们。他们优秀的学术成果，连同鲜活的思想、创新的精神、严谨的学风，都为致力于学术研究的后来者树立了榜样。他们本着精益求精的精神，对论文进行了细致的修改完善，使之在具备科学性、前沿性的同时，更具系统性和可读性。

这套丛书涵盖清华众多学科，从论文的选题能够感受到作者们积极参与国家重大战略、社会发展问题、新兴产业创新等的研究热情，能够感受到作者们的国际视野和人文情怀。相信这些年轻作者们勇于承担学术创新重任的社会责任感能够感染和带动越来越多的博士生，将论文书写在祖国的大地上。

祝愿丛书的作者们、读者们和所有从事学术研究的同行们在未来的道路上坚持梦想，百折不挠！在服务国家、奉献社会和造福人类的事业中不断创新，做新时代的引领者。

相信每一位读者在阅读这一本本学术著作的时候，在吸取学术创新成果、享受学术之美的同时，能够将其中所蕴含的科学理性精神和学术奉献精神传播和发扬出去。

清华大学研究生院院长

2018年1月5日

导师序言

长期以来，人们一直在探索实现受控核聚变的方法，以解决能源问题。1997年，美国桑地亚(Sandia)国家实验室利用快脉冲大电流驱动Z箍缩(Z-pinch)，使其X射线辐射能力大幅度提高。基于这个突破性进展，人们开始研究Z箍缩驱动的X射线惯性约束聚变的可行性。

2007年，美国桑地亚国家实验室提出了未来Z箍缩装置的概念设计。该装置的一个重要特点是：利用整体径向传输线(monolithic radial transmission line，MRTL)，将数百台太瓦级(10^{12}瓦)脉冲功率源并联连接到MRTL外圆周上，向位于MRTL中心圆孔处的Z箍缩负载供电，以得到拍瓦级(10^{15}瓦)的脉冲电功率。

该传输线由上下两片金属圆盘构成，圆盘外径近80m，圆盘中心孔直径6m。由于这两片圆盘的间距(为几米)不是常数，而是半径r的函数，因此，这两片圆盘不是平面，而是曲面。MRTL的几何结构决定了它是一个非均匀传输线(即波阻抗沿传输方向连续变化)，电磁波在线上不同位置都会发生折反射。毛重阳的工作是利用电路模拟、行波解析求解、三维电磁场仿真和缩比实验，研究该传输线的脉冲功率传输效率。

毛重阳博士论文的主要创新点如下：

(1) 人们以往研究非均匀传输线时，通常是利用计算机软件(如PSpice或TLCODE)进行电路仿真。本书基于多段均匀线级联模型，首次推导出了非均匀传输线输出电压的解析表达式，其结果和计算机电路仿真结果完全相同。

(2) 对于本书中这种形状复杂的巨型整体径向传输线，在仅有的几个电磁场仿真研究中，人们都是假设输入波为TEM模，然后将三维电磁场简化为二维电磁场进行仿真。本书建立了三维电磁场仿真模型，并利用输入端多路脉冲驱动源和输出端负载阵列旋转对称的几何特点，基于叠加原理，成功简化了数百路脉冲驱动下的三维电磁场仿真难题，首次得到了这种形状复杂的巨型整体径向传输线三维电磁场仿真结果。

(3) 首次建立了整体径向传输线的缩比实验装置，进行了20路脉冲同时注入的缩比实验，验证了三维电磁场仿真结果的正确性。

(4) 发现三维电磁场仿真得到的功率传输效率至少比电路仿真低14%，表明在这种形状复杂的巨型整体径向传输线电磁场中存在相当可观的非TEM模。因此，电路仿真中TEM模的假设是不成立的，电路仿真得到的结果是不可信的。

2016年在葡萄牙召开的第六届欧亚脉冲功率会议上，毛重阳以其博士论文的研究成果为基础，报告了"用于未来Z箍缩的整体径向传输线的研究"，并被授予"杰出青年研究者奖(Outstanding Young Researcher Award)"。总之，毛重阳博士论文促进了脉冲功率技术(尤其是大型整体径向传输线研究)的发展，希望他在今后的研究中再接再厉，取得更多的创新成果。

王新新

2018年7月

摘　要

在未来拍瓦级脉冲驱动源中，要用整体径向传输线进行能量传输。整体径向传输线的特性阻抗沿线变化，是一种非均匀传输线。本书忽略传输线的电阻和电导损耗，通过电路仿真、解析分析、三维电磁场仿真和实验，对整体径向传输线的传输特性进行了研究。

在电路仿真中，利用 PSpice 电路仿真软件，对线性线、指数线、高斯线和双曲线等四种不同线型非均匀传输线的传输特性进行了建模和仿真研究，发现在输入波形为半正弦脉冲的情况下，指数线的峰值功率传输效率在各种线型的非均匀传输线中是最高的，这是因为半正弦脉冲含有较多的低频分量，而指数线在传输低频分量时效率高于其他线型。

基于级联多段线模型和行波的折反射规律，本书首次严格地推导出了任意脉冲输入情形下，任意沿线特性阻抗变化规律的非均匀传输线输出电压解析表达式。此表达式进一步证明了非均匀传输线的首达波特性、脉冲压缩特性、高通特性、峰值特性和平顶下降特性等多个传输特性。

本书首次建立了同轴和整体径向两种类型的非均匀传输线的三维电磁场仿真模型，并利用 CST 微波工作室软件进行了仿真，发现对于同轴非均匀传输线，三维电磁场仿真结果与电路仿真结果相差很小，电路仿真中的 TEM 模假设基本成立；而对于整体径向非均匀传输线，三维电磁场仿真结果与电路仿真结果相差 10%以上，电路仿真中的 TEM 模假设会给结果带来明显误差。

本书建立了一套可供 20 路脉冲同时注入的小型整体径向传输线实验装置。该装置中整体径向传输线的单向传输时间约为 15ns，负载为匹配的纯电阻负载。本书首次通过实验检验了三维电磁场仿真结果的正确性，并对不同路数脉冲注入的情形进行了研究，发现在本实验条件下，输出电压幅值与注入脉冲数目近似成正比关系。此外，还首次对开路、短路和开关不同步触发情形进行了实验研究，发现仅一路脉冲的开路或短路故障就会对输出电压幅值产生明显影响，而不超过三路开关的2ns延迟或提前触发对输出电压幅值的影响并不明显。

关键词： 非均匀传输线；径向传输线；整体径向传输线；拍瓦级脉冲驱动源；Z箍缩

Abstract

Monolithic radial transmission lines are used to transmit energy in future petawatt-class pulsed power drivers. The monolithic radial transmission line is a kind of nonuniform transmission line whose characteristic impedance varies along the line. In this book, the transmission characteristics of lossless monolithic radial transmissions lines were investigated by circuit simulation, analytical analysis, 3-dimensional electromagnetic simulation, and experiment.

The transmission characteristics of nonuniform transmission lines with linear, exponential, Gaussian and hyperbolic impedance profiles were simulated using a code called PSpice. There are considerable low-frequency components for the input voltage of a half-sine wave and the exponential impedance profile has the highest efficiency for lower-frequency components. So the peak power transmission efficiency of exponential impedance profile was found the highest among all impedance profiles when transmitting a half-sine wave.

A mathematical expression of the output voltage from a nonuniform transmission line with an arbitrary impedance profile and an arbitrary waveform of input pulse was deduced by analytical method for the first time. Based on this mathematical expression, characteristics such as first-arriving-wave, pulse-compression, high-pass, peak-power-efficiency, and droop of output voltage were further proved.

The transmission characteristics of nonuniform transmission lines with coaxial configuration and monolithic radial configuration were investigated by 3-dimensional electromagnetic simulation using a code called computer simulation technology (CST) microwave studio for the first time. It was found that the TEM-mode assumption is correct for coaxial transmission lines while incorrect for monolithic radial transmission lines.

A small monolithic radial transmission line (MRTL) experimental system was established. The MRTL has 20 input ports and 1 output port. The one-way transmit time from the input ports to the output port is 15ns. The characteristic impedance is matched at the output port by resistors as the load. The correctness of the 3-dimensional electromagnetic simulation was testified by experiment. It was found that the amplitude of the output voltage is nearly proportional to the number of input branches. It was also found for the first time that while the open-circuit or short-circuit even in one input branch decreases the amplitude of the output voltage, the jitter shorter than 2ns in 3 input branches makes no obvious effect on the amplitude of the output voltage.

Key words: nonuniform transmission line; radial transmission line; monolithic radial transmission line; petawatt-class pulsed power drivers; Z-pinch

目　录

第1章 引　言

1.1 传输线简介

传输线是一种广泛应用于电气和电子通讯领域的传输设备，它可以用来传送电能和电信号。

在传输线中传输的电磁波统称为导波。因为传输线结构的不同，其中所传播的导波的场的构造也会不同，这就是不同模式的导波。每一种传输线可以有不同模式的导波，共有三种既简单又基本的导波：横电波、横磁波和横电磁波。

(1) 横电波，也叫做 TE 模(也叫模式)或 H 模，在传输线的传输方向上，电场分量为 0 而磁场分量不为 0。

(2) 横磁波，也叫做 TM 模或 E 模，在传输线的传输方向上，磁场分量为 0 而电场分量不为 0。

(3) 横电磁波，也叫做 TEM 模，在传输线的传输方向上，电场分量和磁场分量都为 0。

还有些模式比这些模式要复杂，可以看作是 TE 模和 TM 模的组合，这些模式叫做混合模。还有些传输线，如微带线，其模式不是严格的 TEM 模，可以叫做准 TEM 模[1]。

单位长度的传输延迟时间和特性阻抗是描述传输线中每个模式的重要物理量。单位长度的传输延迟时间与波速互为倒数。特性阻抗与传输线单位长度的电感、电容、电阻和电导有关。事实上，这些量都是由传输线的几何结构和尺寸，以及传输线的导体和介质的材料特性决定的。

设传输线单位长度的电阻为 R，电导为 G，电容为 C，电感为 L，波的角频率为 ω，则 TEM 模单位长度的传输延迟时间为

$$T_0 = \sqrt{LC} = \sqrt{\varepsilon_0 \varepsilon_r \mu_0 \mu_r} \tag{1.1}$$

TEM 模的特性阻抗为

$$Z_C = \sqrt{\frac{R + \mathrm{j}\omega L}{G + \mathrm{j}\omega C}} \tag{1.2}$$

由式(1.1)和式(1.2)可知，TEM 模单位长度的传输延迟时间与其角频率无关，而特性阻抗与其角频率有关。

如果忽略传输线的电阻和电导，即 $R=0$，且 $G=0$，则得到无损传输线的 TEM 模特性阻抗为

$$Z_C = \sqrt{\frac{L}{C}} = \frac{T_0}{C} \tag{1.3}$$

由式(1.3)可知，无损传输线的 TEM 模特性阻抗与角频率无关。

1.2　传输线按结构分类

传输线按结构可以分为许多类型，常见的有同轴传输线、平行板传输线、带线、微带线等，如图 1.1 所示[1]。实际中使用哪种结构类型的传输线，主要由其两端需要连接的结构所决定。本节将对同轴传输线和平行板传输线这两种与本书关系密切的类型进行介绍。

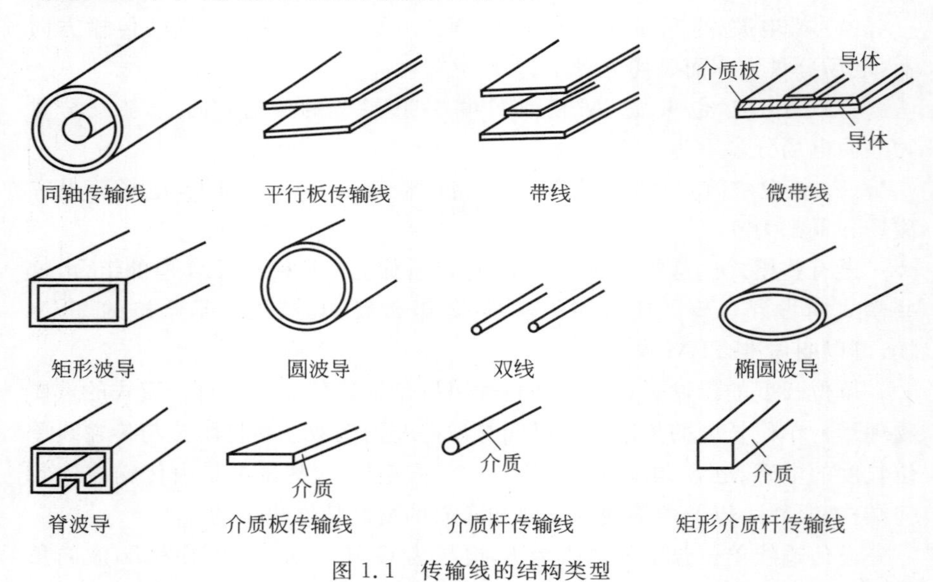

图 1.1　传输线的结构类型

1.2.1　同轴传输线

设同轴传输线的内导体直径为 d，外导体内直径为 D，则其中 TEM 模的特性阻抗为[1]

$$Z_C = \frac{1}{2\pi}\sqrt{\frac{\mu_0}{\varepsilon_0}}\sqrt{\frac{\mu_r}{\varepsilon_r}}\ln\frac{D}{d} \tag{1.4}$$

同轴传输线中可能存在的模式除了TEM模外，还有高次模式TE_{pq}和TM_{rs}。其中，p和r可取任意非负整数，q和s可取任意正整数。同轴传输线的高次模式TE_{pq}中的下标p表示磁场的纵向分量沿横截面圆周变化的周期数，下标q表示磁场的纵向分量沿横截面径向的极值数；高次模式TM_{rs}中的下标r表示电场的纵向分量沿横截面圆周变化的周期数，下标s表示电场的纵向分量沿横截面径向的零点数。

同轴传输线具有高通特性。对于相同的几何结构和材料，不同的模式有不同的截止频率和截止波长。当波的频率低于该模式的截止频率，即波长长于该模式的截止波长时，该模式的波就在传输线中截止，无法传播。TEM模的截止波长为无穷大，即任何频率的TEM模都可以在同轴传输线中传播。对于其他模式，由于同轴传输线的方程和边界条件较为复杂，难以得到准确的截止频率和波长，这里只给出部分模式截止波长的近似值。TE_{p1}模截止波长和截止频率分别为

$$\lambda_{TE_{p1}} \approx \frac{\pi(D+d)}{p} \tag{1.5}$$

$$f_{TE_{p1}} \approx \frac{p}{\pi(D+d)\sqrt{\mu_0\varepsilon_0\mu_r\varepsilon_r}} \tag{1.6}$$

TM_{r1}模截止波长和截止频率分别为

$$\lambda_{TM_{r1}} \approx \frac{\pi(D-d)}{r} \tag{1.7}$$

$$f_{TM_{r1}} \approx \frac{r}{\pi(D-d)\sqrt{\mu_0\varepsilon_0\mu_r\varepsilon_r}} \tag{1.8}$$

TE_{11}模是同轴传输线中截止波长最长、截止频率最低的高次模，由式(1.5)和式(1.6)可知，其截止波长和截止频率分别为

$$\lambda_{TE_{11}} \approx \pi(D+d) \tag{1.9}$$

$$f_{TE_{11}} \approx \frac{1}{\pi(D+d)\sqrt{\mu_0\varepsilon_0\mu_r\varepsilon_r}} \tag{1.10}$$

因此，为了保证波在同轴传输线中仅以TEM模的形式传输，波长必须大于式(1.9)给出的值，即频率必须低于式(1.10)给出的值。

1.2.2　平行板传输线

设平行板传输线的板宽为w，板间距为g，在w远大于g的情况下，可

以忽略边缘效应，得到 TEM 模的特性阻抗为[2]

$$Z_C=\sqrt{\frac{L}{C}}=\frac{T_0}{C}\approx\frac{\sqrt{\varepsilon_0\varepsilon_r\mu_0\mu_r}}{\frac{\varepsilon_0\varepsilon_r w}{g}}=\frac{g}{w}\sqrt{\frac{\mu_0\mu_r}{\varepsilon_0\varepsilon_r}} \tag{1.11}$$

平行板传输线中可能存在的模式除了 TEM 模外，还有高次模式 TE_n 和 TM_n，其中，n 可取任意正整数[3]。

平行板传输线也具有高通特性。TEM 模的截止波长仍为无穷大，任何频率的 TEM 模都可以在平行板传输线中传播。对于高次模式，TE_n 和 TM_n 模的截止波长和截止频率相同，为

$$\lambda_{TE_n}=\lambda_{TM_n}=\frac{2w}{n} \tag{1.12}$$

$$f_{TE_n}=f_{TM_n}=\frac{n}{2w\sqrt{\mu_0\varepsilon_0\mu_r\varepsilon_r}} \tag{1.13}$$

TE_1 模和 TM_1 模是平行板传输线中截止波长最长，截止频率最低的高次模，由式(1.12)和式(1.13)可知，其截止波长和截止频率分别为

$$\lambda_{TE_1}=\lambda_{TM_1}=2w \tag{1.14}$$

$$f_{TE_1}=f_{TM_1}=\frac{1}{2w\sqrt{\mu_0\varepsilon_0\mu_r\varepsilon_r}} \tag{1.15}$$

因此，为了保证波在平行板传输线中只以 TEM 模的形式传输，波长必须大于式(1.14)给出的值，即频率必须低于式(1.15)给出的值。

1.3 传输线按沿线特性阻抗分类

如图 1.2 所示，根据传输线特性阻抗是否沿线变化，传输线可以分为均匀传输线和非均匀传输线。均匀传输线是特性阻抗沿线不变的传输线，非均匀传输线是特性阻抗沿线变化的传输线。非均匀传输线根据沿线特性阻抗变化规律的不同，又可以分为多种类型，常见的包括线性线、指数线、高斯线和双曲线等。

以传输线的中点为原点，以传输线方向为 x 轴，建立平面直角坐标系。设传输线在位置 x 处的特性阻抗为 $Z(x)$，传输线输入端的特性阻抗为 $Z(-L)=Z_{input}$，输出端的特性阻抗为 $Z(L)=Z_{output}$，则均匀传输线满足

$$Z(x)=Z_{input}=Z_{output} \tag{1.16}$$

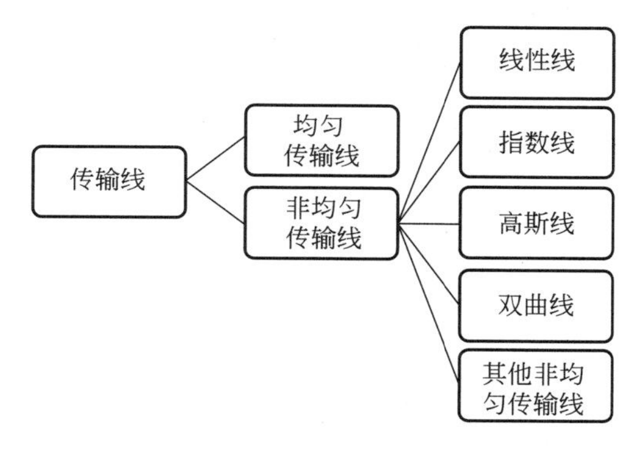

图 1.2 传输线的分类

线性线满足

$$Z(x)=\frac{Z_{\text{output}}\cdot(L+x)+Z_{\text{input}}\cdot(L-x)}{2L} \tag{1.17}$$

指数线满足[4]

$$Z(x)=Z_{\text{input}}\left(Z_{\text{output}}/Z_{\text{input}}\right)^{(x+L)/(2L)} \tag{1.18}$$

高斯线满足[4,5]

$$Z(x)=Z_{\text{input}}\left(Z_{\text{output}}/Z_{\text{input}}\right)^{\frac{1}{2}\left[1+\frac{\operatorname{erf}(hx)}{\operatorname{erf}(hL)}\right]} \tag{1.19}$$

其中误差函数为

$$\operatorname{erf}(y)=\frac{2}{\sqrt{\pi}}\int_0^y \mathrm{e}^{-u^2}\,\mathrm{d}u \tag{1.20}$$

特别需要指出的是，在式(1.19)中，h 为高斯线参数，可取任何非负数。当 $h=0$ 时，高斯线就退化为指数线。因此，可以将指数线看作高斯线的一种特殊形式。但在本书中，为了不引起歧义，如无特殊说明，所提到的高斯线均不包括指数线。

对于双曲线，常使用其两支中的一支。因此，需合理设置坐标原点，使整条传输线位于坐标原点的一侧。此时，文献[6]中双曲线的特性阻抗方程可写为

$$Z(x)=\frac{Z_{\text{output}}x_{\text{output}}-Z_{\text{input}}x_{\text{input}}}{x_{\text{output}}-x_{\text{input}}}-\frac{Z_{\text{output}}-Z_{\text{input}}}{x_{\text{output}}-x_{\text{input}}}\frac{x_{\text{input}}x_{\text{output}}}{x} \tag{1.21}$$

其中，x_{input} 为传输线输入端的横坐标，x_{output} 为传输线输出端的横坐标。从式(1.17)～式(1.21)可以看出，对于线性线、指数线和高斯线，坐标原点都确定为线的中点处；而对于双曲线，坐标原点位置并不固定，这会导致多种不同的双曲线沿线阻抗变化规律。

线性线、指数线、高斯线和双曲线的沿线特性阻抗规律如图 1.3 所示。图中为了便于比较，将双曲线平移至与其他非均匀传输线相同位置处。

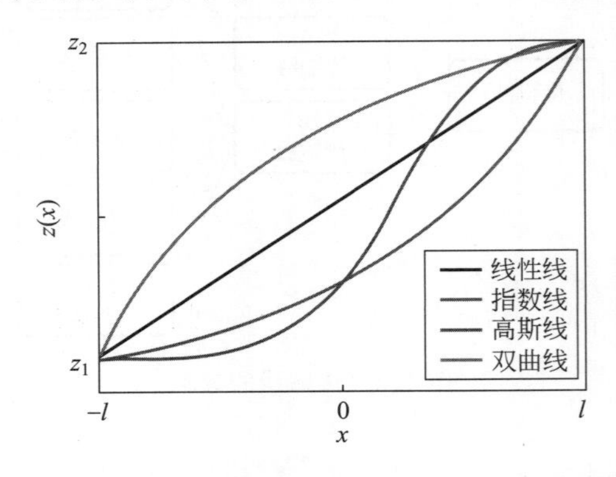

图 1.3 线性线、指数线、高斯线和双曲线的沿线特性阻抗变化规律(见文前彩图)

1.4 非均匀传输线的应用

1.2 节中已经指出，传输线结构的选择主要由其所需连接的结构决定。本节将对传输线沿线特性阻抗的选择，尤其是非均匀传输线的应用进行介绍。

在条件允许的情况下，应尽可能地采用均匀传输线，因为均匀传输线的分析设计更为简单，易于得到精确的解。但是，在某些情况下(例如微波领域)，不得不采用非均匀传输线来满足微波传输的需求[7]。

非均匀传输线的主要用途是实现阻抗变换。实现阻抗变换除了采用非均匀传输线以外，还可以采用集总参数元件、短截线或者由 1/4 波长传输线组成的阶梯式阻抗变换器[8,9]。文献[10]介绍了用集总参数实现阻抗变换的方法，文献[9]指出采用短截线难以得到较宽的通频带。早在 1955 年，Cohn 就用理论和实验说明了优化的阶梯变换器比之前用的二项变换器有优势，而且在设计和制造上也并不困难，他还对不连续电纳的修正问题进行了讨论[11]。我国学者也对这种阶梯式阻抗变换器有所研究[12]。文献[8]介绍了两节阶梯式阻抗变换器的设计方法，并指出理想传输线构成的阻抗变换器在给定的约束条件下，可以实现任意阻抗变换比率及任意频率比率的阻抗匹配。但是，这种分节的阶梯式阻抗变换器长度与波长有关，有时难以做得较短，而且只是针对个别离散频率点设计的，无法获得较大的通频带范围。虽然文献[13]中提出可以用同轴线加载电容形式来等效低阻抗变换节,以有效缩短变换器的长度,但是,要想在更宽的连续频带内实现阻抗的匹配,就必须用到阻抗连续变化的非均匀传输线。

非均匀传输线在很多领域都有应用。在电力系统中,经常用非均匀传输线来模拟杆塔等模型[14];在电化学方面,可以用非均匀传输线模型来近似电极的电化学阻抗[15];在声学上,非均匀传输线被应用在声学压电式转换器的匹配层中[16];在光学系统中,也要利用非均匀传输线进行阻抗匹配来改善传输特性[17];在分布式光电检测器中,用非均匀传输线代替等阻抗线,可以有效地解决分布式放大器电路中反射波问题,使放大器获得更大的传输效率和带宽[18-20];在半导体激光系统中,使用非均匀传输线实现高速光电二极管的阻抗匹配,与传统的耦合方案相比,拓展了带宽[21];在共振隧道二极管传输 THz 级别的脉冲时,应用非均匀传输线实现阻抗变换也可以有效地提高传输效率[22]。

不过,非均匀传输线目前最主要的应用还是在微波、数字信号和高功率脉冲技术领域。微波工程中,早已广泛地应用非均匀传输线技术来形成、变换和传输电磁波,并进行了许多理论和数学分析[4,23],不过采用阻抗变换器的主要目的还是提高带宽[24]。与基于均匀传输线的自耦变压器相比,基于非均匀传输线设计的自耦变压器在最大尺寸和带宽方面都更有优势[25]。指数线会使脉冲信号在波形和幅值两方面都出现变形,这可以用于补偿二极管、晶体管和场效应管等负载的非线性效应[26]。除此之外,非均匀传输线在时延和变频等方面也有作用[27]。在数字信号领域传输短脉冲时,使用非均匀传输线可以大大降低负载端的激振效应,改善传输效果[28,29]。总线支线结构中,也要靠非均匀传输线来实现阻抗匹配[30]。有时,非均匀传输线还可以设计成片状结构[31],但在小区域内集成大量连接体时,需要考虑约瑟夫森效应等问题[32]。

1.5 高功率脉冲技术领域中的传输线

在高功率脉冲技术领域中,传输线技术也得到了许多应用。1948 年,Blumlein 将雷达调制器上的双传输线技术应用于高功率脉冲技术研究,提出了著名的 Blumlein 脉冲形成线[33]。1962 年英国原子武器研究中心的 Martin 等用 Marx 发生器对 Blumlein 脉冲形成线充电,得到了 MV 数量级的高电压纳秒脉冲[34]。目前,在众多高功率脉冲装置中广泛使用的脉冲形成线和脉冲传输线绝大多数还是均匀传输线。

随着高功率脉冲技术的发展，人们研制出来许多峰值功率达到 TW 甚至 10TW 数量级的脉冲驱动源，它们被用于惯性约束聚变（inertial confinement fusion，ICF）、辐射物理、状态方程、等离子体物理、天体物理以及其他高能量密度物理研究中，并取得了很好的成果。例如，1994 年，美国 Sandia 国家实验室将高功率脉冲加速器 PBFA（55TW、20MA、100ns）用于驱动 Z 箍缩丝阵负载，组成 Z 装置。1997 年，Z 装置实验取得了突破性的进展，其辐射的 X 射线峰值功率达到 290TW，X 射线总能量达到 1.8MJ，电能到 X 射线的能量转换效率达到 16%[35]。这个突破性进展使人们看到了利用幅值更高（大于 60MA）的脉冲电流驱动 Z 箍缩以实现 X 光惯性约束聚变[36]的可能性，并为此开始了拍瓦级 Z 箍缩驱动器的设计工作[37,38]。

图 1.4 是概念中的基于 LTD（linear-transformer driver）模块的未来拍瓦级 Z 箍缩驱动器设计原理图[37]。为了得到 68MA 的总驱动电流，总共需要并联 210 个脉冲功率源（即 210 个 LTD 模块），它们被分为 3 层叠在一起，每层 70 个 LTD 模块围成一个外直径为 104m 的圆周。由于负载部分（真空磁绝缘传输线＋Z 箍缩丝阵负载）位于该圆周的中心区域，各 LTD 模块输出的脉冲电流必需沿半径方向的传输线汇聚到中心负载部分，故将此类传输线称为径向传输线。该设计中将每层 70 个 LTD 模块分为 10 组，每组 7 个 LTD 模块共用一对扇形径向传输线（即所谓的三板线：由上、中、下三个扇形板构成两个完全相同的扇形径向传输线）。因此，每层 LTD 使用 10 对扇形径向传输线，它们正好围成三个（上、中、下）完整的圆板，即两个圆板形径向传输线，故将此类圆板形径向传输线称为整体径向传输线。

图 1.4 基于 LTD 模块的 Z 箍缩驱动器设计原理图（见文前彩图）

径向传输线的结构与平行板传输线有类似之处，只是其极板并不一定是平板，有些时候会是曲板。与平行板传输线的特性阻抗公式(1.11)类似，在忽略边缘效应的情况下，径向传输线的沿线特性阻抗可以表示为

$$Z_c(r)=\sqrt{\frac{\mu_0\mu_r}{\varepsilon_0\varepsilon_r}}\frac{g(r)}{\theta r} \tag{1.22}$$

其中，r 为到圆心的距离；$g(r)$ 为 r 处构成传输线的两个导体平板之间的距离；θ 为径向传输线对应的扇形的圆心角，单位是弧度。对于整体径向传输线而言，$\theta=2\pi$。

显然，在一般情况下，径向传输线的特性阻抗都是沿传输方向（半径方向）变化的，即都是非均匀传输线。除了上述的几何构型（即径向汇聚电流）决定了该传输线是非均匀传输线之外，传输线两端的阻抗匹配（即首端与脉冲驱动源匹配，末端与负载匹配）也要求该传输线只能是非均匀传输线。例如，图 1.4 中由 210 个 LTD 模块并联构成的脉冲驱动源阻抗仅为 33.9mΩ，而负载部分阻抗为 360mΩ，考虑到三层 LTD 模块共使用 6 个并联的整体径向传输线，每个整体径向传输线的输入端和输出端阻抗分别为 0.203Ω 和 2.16Ω。

总之，在高功率脉冲装置中，尤其是未来拍瓦级脉冲驱动源中，通常需要使用非均匀传输线来汇聚电流，并把它作为阻抗变换器，以实现脉冲驱动源和负载之间阻抗的平滑过渡，从而提高功率的传输效率。

1.6　整体径向传输线的研究方法和研究现状

整体径向传输线的传输特性由两方面因素决定，其一是沿线特性阻抗变化规律，例如指数线或高斯线；其二是三维几何结构，例如平板结构或不同的曲板结构。对沿线特性阻抗变化规律可以采用解析分析或电路仿真的方法进行研究，对三维几何结构可以采用解析分析或电磁场仿真进行研究。除此之外，还可以通过实验对两方面因素同时进行研究。本节将分别对解析分析研究、电路仿真研究、电磁场仿真研究和实验研究四大部分的研究方法和研究现状进行介绍。

1.6.1　解析分析研究

利用解析分析方法研究三维几何结构的影响，需要在各种极其复杂的边界条件下求解麦克斯韦方程组，难以实施，所以目前该方法只限于研究沿线特性阻抗变化规律的影响，即研究非均匀传输线的各种特性阻抗变化规律。

对非均匀传输线进行解析分析的理论基础是非均匀传输线的偏微分

方程[1]

$$-\frac{\partial U(x,t)}{\partial x}=L(x)\frac{\partial I(x,t)}{\partial t}+R(x)I(x,t) \tag{1.23}$$

$$-\frac{\partial I(x,t)}{\partial x}=C(x)\frac{\partial U(x,t)}{\partial t}+G(x)U(x,t) \tag{1.24}$$

其中，$U(x,t)$和$I(x,t)$分别为t时刻坐标x处的电压和电流，$L(x)$、$C(x)$、$R(x)$和$G(x)$分别为坐标x处单位长度的电感、电容、电阻和电导。如果$L(x)$、$C(x)$、$R(x)$和$G(x)$都与坐标x无关，则为均匀传输线，否则为非均匀传输线。

考虑无损传输线，即忽略传输线的电阻和电导，则式(1.23)和式(1.24)简化为

$$-\frac{\partial U(x,t)}{\partial x}=L(x)\frac{\partial I(x,t)}{\partial t} \tag{1.25}$$

$$-\frac{\partial I(x,t)}{\partial x}=C(x)\frac{\partial U(x,t)}{\partial t} \tag{1.26}$$

如果给定边界条件或初始条件，就可以与式(1.25)和式(1.26)构成偏微分方程的边值或初值问题。对于某些特殊的非均匀传输线线型，例如指数线[4,39]和线性线[40]，可以通过拉普拉斯变换之后转化成常微分方程的初值问题，求得电压和电流的频域解析解之后，再利用拉普拉斯反变换得到电压和电流的时域解析解。但是，对于一般的非均匀传输线线型，难以得到方程的解析解，只能寻求近似的解析解。由于指数线的效率高于线性线，而在理论处理和工程实施方面又比高斯线简便，因此得到设计者的重视和比较广泛的应用[39,41]。

为了得到近似的解析解，目前主要有两种方法。一种方法是直接从时域对方程进行近似再求解，另一种方法是先将方程变换到频域，在频域进行求解，再做反变换到时域[42]。

对于第一种方法，必须对非均匀传输线进行分段，每一小段用某种可以得到准确的解析解的线进行近似。这样，就可以得到每一小段的折反射系数，从而得到近似的解析解[43]。一般情况下，将每一小段非均匀传输线近似为均匀传输线[44-46]，因为均匀传输线最为简单和容易求解，也有文献采用指数线[47]或者线性线[40]进行近似。

目前，利用这种方法对非均匀传输线进行的研究一般只分析无损且波速恒定的传输线[48]，假设输入为阶跃电压波，特性阻抗连续变化，而且为了简便，只考虑首达电压波的幅值。在这种情况下，文献[49]从数学上严格证

明了此时指数线是传输效率最高的无损传输线型，该传输效率与频率无关。文献[50,51]指出，阶跃响应的首达电压波幅值与波阻抗变化规律无关，只与首末端阻抗有关。文献[52]也提出，脉冲传输效率与线型无关，但是脉冲传至末端时的幅值下降速度与线型有关，并且指数线是最佳的(下降速度最慢)。文献[53]提出，在传输线未充电的前提下，阻抗相等时传过去的功率最大；但在传输线预先充电的情况下，能传输最大功率的条件并不是阻抗相等。文献[54]研究了一条无损非均匀两段指数线，并指出当分段数目很大时误差可以忽略。

在考虑非均匀传输线损耗的情形下，也可以用分段法进行求解[45]。文献[55]讨论了有损非均匀传输线不失真传输的条件。文献[56]介绍了利用积分方程和格林函数求解有损非均匀传输线上的电压和电流，并指出该方法精度高于传统方法。

对于第二种方法，一般采用傅里叶变换或者拉普拉斯变换，将时域的偏微分方程转化为频域的常微分方程，以便于求解，最后再利用傅里叶反变换或者拉普拉斯反变换求得时域解[57-59]。文献[60]利用这种方法求出了指数线的 S 参数(散射参数)，而且在频域和时域都得到了瞬态响应的准确解。文献[61]利用频域方法，通过严格的解析推出指数线得到的输出波形的平顶下降最小，从而指数线最优。文献[47]结合分段和拉普拉斯变换，得到了任意非均匀传输线上每一点的电压和电流的近似解析解。文献[62]用快速傅里叶变换的方法得到了微带线的时域解。

事实上，非均匀传输线可以看作二端口网络，从而计算其网络参数来表征其传输特性[63-67]。文献[68]还给出了 TEM 模和准 TEM 模条件下无损传输线的传输参数矩阵的解析计算方法。

需要特别指出的是，对非均匀传输线进行解析分析的前提是假设传输线中波的传播模式为 TEM 模，而实际波是否会以其他模式在传输线中传播与传输线的三维几何结构有关[4]。此外，尽管频域方法在处理输入脉冲波形的任意性方面有一定的优势，但其和时域方法一样，难以解决非均匀传输线复杂的沿线特性阻抗变化规律这一困难。因此，目前对非均匀传输线的解析分析研究并不够深入，还有诸多内容有待研究。

1.6.2 电路仿真研究

利用电路仿真方法研究沿线特性阻抗变化规律影响的基本假设是波在非均匀传输线中以 TEM 模的方式传播，忽略非 TEM 模分量。电路仿真是利用电路仿真软件建立非均匀传输线的电路模型，建模时考虑传输线的分布参数，不考虑其实际的几何结构。建模时必须对非均匀传输线进行分段，每段用均匀传输线来近似。传统的分段方法是保证每段的单向传输时间相等，文献[69]对这种分段方法进行了介绍。一般而言，分段越细，误差越小。文献[70]提出了一种新的分段方法，即保证相邻两段的特性阻抗之差相等。在相同的分段数条件下，与传统的分段方法相比，这种新的分段方法的计算误差更小。

早在 2000 年，霍哲等人就利用电路仿真发现单极性脉冲经过非均匀传输线会变为双极性脉冲[71]。文献[72]利用 PSpice 电路仿真软件对多种类型变化规律的非均匀传输线进行了仿真研究，指出陡变型变化的功率和能量传输效率较高，线性变化次之，饱和型变化最低。指数型和高斯型变化规律都属于陡变型，因此能量和功率传输效率较高，而高斯分布在数学推导上远远难于指数规律，并且对功率传输效率的提升非常有限，因此，实际中通常选择指数型阻抗变换，而不是高斯分布的阻抗变换规律。

Welch 等人指出当脉冲宽度与指数线的单向传输时间之比趋于 0 时，指数线传输效率最高，即指数线具有高通特性[73]。之后，Hu 等人又利用 TLCODE 软件对指数线和高斯线进行了电路仿真研究，指出指数线的传输效率最大，且其传输效率随两端阻抗之比增大而减小，随输入脉冲宽度和传输线单向传输时间之比增大而减小，文中还提出了非均匀传输线对脉冲宽度的压缩特性[5,74]。

电路仿真研究最容易进行，也是目前被使用最多的研究方法。但是，电路仿真的参数设置无法涵盖所有情形，只能对特定的参数进行仿真并归纳和猜想出传输特性的规律。因此，该方法所得结论在说服力上不如解析分析方法所得结论。

1.6.3 电磁场仿真研究

电路仿真研究的结果表明，指数线的峰值功率传输效率高于高斯线和其他线型。但是，如果考虑非均匀传输线的三维几何结构，就必须进行全电磁场仿真来研究其传输特性。即使特性阻抗完全匹配，由于外形的改变，例如由同轴结构过渡到平板结构，也会带来功率的损失[75]。在这种情况下，必须考虑非 TEM 模，也就是高次模的传输情况[76]。指数线的传输效率是否仍然最高，哪种具体几何形状尺寸的指数线传输效率更高，这些问题都尚不清楚。

电磁场仿真的主要方法有有限元法(FEM)和时域有限差分法(FDTD)两种。利用FEM算法进行仿真的典型软件是HFSS[77]。FDTD算法的历史远不如FEM算法,但在处理电大尺度问题上,FDTD算法的仿真速度比有限元法有明显优势。文献[50,78,79]介绍了FDTD算法在研究非均匀传输线方面的可行性,并将其与PSpice仿真结果进行了比较,二者结果一致性很好。文献[80]利用FDTD算法对同轴阻抗变换器的内导体渐变规律进行优化。CST微波工作室(computer simulation technology microwave studio)就是基于FDTD算法进行三维电磁场仿真的软件。无论是FEM还是FDTD,都必须要到对空间和时间进行分割。分割越细,误差越小,计算量也就越大[81]。巨大的计算量也是制约电磁场仿真研究的最大困难。

目前对整体径向传输线传输特性的电磁场仿真研究很少。Welch等人进行过少量的二维电磁场仿真研究[73]。但在二维电磁场仿真中,必须假设电磁场是轴对称分布的,且输入波为TEM模,所以无法检验TEM模假设是否合理。Bennett等人提出正在对包括径向非均匀传输线的整个Z箍缩驱动源进行三维电磁场仿真[82],但是其研究结果并未在任何文献中公布。大部分对非均匀传输线的电磁场仿真都是利用频域方法分析的稳态情形[14,83-86]和小尺度情形[87],这些是电力系统[88]或者微波领域中所关心的,而不是高功率脉冲技术领域所关心的暂态大尺度情形。因此,有必要对整体径向传输线进行系统的三维电磁场仿真,以研究其传输特性和判断TEM模假设的合理性。

1.6.4　实验研究

在微波领域,对非均匀传输线的实验研究已经持续了很多年,早在1982年,陈开周等人就给出了微波宽带阻抗变换器的设计方法[12]。不过这些研究大部分都是考虑的稳态情形,而不是高功率脉冲技术领域中所关心的暂态过渡过程中的峰值电压和功率,例如,文献[89]介绍了指数线在阻抗比、相速度、输入阻抗、功率反射系数和热负载等方面的实验结果。文献[90]介绍了利用窗函数设计非均匀传输线的阻抗沿线变化规律的方法,设计出的都是高通滤波器,计算全线在稳态不同频率下的总反射系数,并以此为评价标准,从首次到0和带宽两方面指出Klopfenstein最佳。

在高功率脉冲技术领域,设计非均匀传输线时需要考虑许多微波领域不会遇到的问题。例如,高功率脉冲技术领域所要用到的电压远高于微波领域，所以必须考虑绝缘强度问题[91]。又例如，高功率脉冲大装置中经常需要多路脉冲同时输入，如何设计具体结构来保证输入的同时性就变得非常关键[92,93]。对于图1.4所示的整体径向传输线，还需要保证多路输入的同步性，其难度可想而知。此外，非均匀传输线的加工也不容易，有时锥形变化部分无法用一块材料加工，只能用多块拼装。对高功率脉冲技术领域中的非均匀传输线进行实验设计时，需要克服种种困难，以找到最好的线型和尺寸，满足功率传输的需要。唯一的整体径向传输线实验是由Petr等人进行的[94]。他们采用两个圆形平板构成整体径向传输线，两平板的间距是0.6cm，板的厚度是0.1cm，板间采用聚乙烯作为介质。但其输入脉冲只有4路，而未来拍瓦级脉冲驱动源中的整体径向传输线输入脉冲多达几百路，二者差距巨大。因此，有必要对更多路脉冲注入的整体径向传输线进行实验研究。

综上所述，对整体径向传输线的传输特性进行研究，尤其是解析分析、三维电磁场仿真和实验研究，是至关重要的。本书的工作有助于加深人们对整体径向传输线传输特性及其物理本质的认识，具有重要的意义。

1.7　主要工作

本书涉及的工作得到了国家自然科学基金项目(51277109)“高功率脉冲技术领域的变阻抗传输线的研究”和中国工程物理研究院脉冲功率科学与技术重点实验室基金项目(PPLF2014PZ02)“未来Z箍缩驱动器的整体径向传输线的三维数值模拟”的经费资助。

本书具体结构和内容简述如下。

第1章为引言。对传输线的基本理论、研究方法和研究现状进行了详细介绍。

第2章为非均匀传输线传输特性的电路仿真研究。利用PSpice电路仿真软件，对多种沿线特性阻抗变化规律的非均匀传输线进行电路建模及仿真研究，并利用傅里叶变换和反变换对指数线峰值功率传输效率和能量传输效率最高的原因进行了解释。

第3章为非均匀传输线传输特性的解析分析研究。推导出了任意脉冲注入下，任意沿线特性阻抗变化规律的非均匀传输线输出电压解析表达式，并根据此表达式进一步分析了非均匀传输线的多个传输特性。

第4章为非均匀传输线传输特性的三维电磁场仿真研究。利用CST

Microwave Studio 软件对同轴传输线和整体径向传输线进行了三维建模和电磁场仿真研究，并将结果与电路仿真结果进行了对比，从而检验 TEM 假设的合理性。

第 5 章为小型整体径向传输线的实验研究。建立了一套小型整体径向传输线实验装置并在该装置上对整体径向传输线的传输特性进行了实验研究。

第 6 章为结论。总结本书的结论和创新点。

第2章　非均匀传输线传输特性的电路仿真研究

在电路仿真中，并不区分非均匀传输线的三维实际位形（例如是同轴传输线还是平行板传输线），只考虑其沿线特性阻抗的变化规律。因此，必须假设电压波在非均匀传输线中传播时的非TEM模可以忽略，即以TEM模或准TEM模传播[5,70,73,95,96]，本书将此假设称为TEM模假设。关于此假设是否成立，本书将在第4章和第5章中进行检验。常用的电路仿真软件包括PSpice、TLCODE和LTSpice等，它们的原理基本相同，仿真结果之间并没有明显差别。因此，可以选用任意一款软件进行电路仿真研究。

本章忽略非均匀传输线的电阻和电导带来的功率损失，只考虑其特性阻抗沿线变化引起的电压波折反射带来的损失，以进一步简化电路模型。首先利用PSpice电路仿真软件，对线性线、指数线、高斯线和双曲线等四种不同的非均匀传输线线型的传输特性进行了建模和仿真研究，并将结果进行了比较。然后利用傅里叶变换和反变换解释了指数线拥有最高峰值功率传输效率和能量传输效率的原因。

2.1　模型建立

电路仿真软件中无法直接对沿线特性阻抗连续变化的非均匀传输线进行建模，必须将其等效为多段均匀传输线的串联。本书采用PSpice电路仿真软件进行建模和仿真，其电路模型如图2.1所示。为了保证非均匀传输线输入端口处的阻抗匹配，并保证非均匀传输线上的反行波在半正弦脉冲源的输出端口处发生反射后不会影响测得的负载电压，需要在半正弦脉冲源与非均匀传输线输入端之间连接一条足够长的均匀传输线T_0，其特性阻抗与非均匀传输线输入端的特性阻抗相同。负载选用纯电阻R，其阻值等于非均匀传输线的输出端特性阻抗。半正弦脉冲源输出的半正弦脉冲经过T_0后进入非均匀传输线，R上的电压即为非均匀传输线的输出电压。

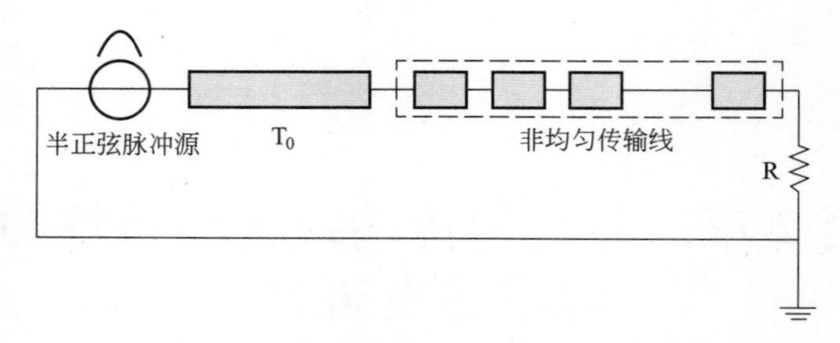

图 2.1 PSpice 电路仿真模型示意图

设非均匀传输线等效成的多段均匀传输线的段数为 n。如果 n 足够大，则每段均匀传输线的单向传输时间足够短，各段均匀传输线串联之后的传输特性就接近于原非均匀传输线的传输特性。因此，对每一种线型的每一种参数，在仿真时可利用如下方法判断模型中的 n 是否足够大：显著增大 n 的值（如从 1000 增大至 2000），如果仿真结果有明显改变，则 n 仍需增大；如果仿真结果几乎不变，则可认为 n 已足够大。

2.2 分析方法

在拍瓦级脉冲驱动源装置中，非均匀传输线最重要的传输特性参数是其峰值功率传输效率。因此，本书重点关注和比较不同线型的非均匀传输线的峰值功率传输效率。峰值功率传输效率的定义为

$$\eta = (P_{\text{output}})_{\max} / (P_{\text{input}})_{\max} \tag{2.1}$$

其中，$(P_{\text{input}})_{\max}$ 为非均匀传输线输入端的峰值功率，$(P_{\text{output}})_{\max}$ 为非均匀传输线输出端的峰值功率，并且有

$$\begin{cases} (P_{\text{input}})_{\max} = \dfrac{((U_{\text{input}})_{\max})^2}{Z_{\text{input}}} \\ (P_{\text{output}})_{\max} = \dfrac{((U_{\text{output}})_{\max})^2}{Z_{\text{output}}} \end{cases} \tag{2.2}$$

其中，$(U_{\text{input}})_{\max}$ 为非均匀传输线输入端的电压峰值，$(U_{\text{output}})_{\max}$ 为非均匀传输线输出端的电压峰值，Z_{input} 为非均匀传输线输入端的特性阻抗，Z_{output} 为非均匀传输线输出端的特性阻抗。

将式(2.2)代入式(2.1)，可得

$$\eta = \frac{\dfrac{((U_{\text{output}})_{\max})^2}{Z_{\text{output}}}}{\dfrac{((U_{\text{input}})_{\max})^2}{Z_{\text{input}}}} = \left[\frac{(U_{\text{output}})_{\max}}{(U_{\text{input}})_{\max} \sqrt{Z_{\text{output}} / Z_{\text{input}}}}\right]^2 \tag{2.3}$$

由于本书研究的非均匀传输线为线性系统，不涉及间隙的击穿、气体分子的电离等非线性过程，所以输出电压幅值与输入电压幅值之间满足正比例关系。因此，为了简便，可以设$(U_{\text{input}})_{\max}=1\text{V}$，则式(2.3)转化为

$$\eta=\left[\frac{(U_{\text{output}})_{\max}}{\sqrt{Z_{\text{output}}/Z_{\text{input}}}}\right]^2 \tag{2.4}$$

在已知非均匀传输线两端的特性阻抗Z_{input}和Z_{output}的前提下，只要设置输入脉冲电压的峰值为$(U_{\text{input}})_{\max}=1\text{V}$，通过电路仿真得到非均匀传输线的输出脉冲的电压峰值$(U_{\text{output}})_{\max}$，就可以利用式(2.4)计算出非均匀传输线的峰值功率传输效率η。

除了峰值功率传输效率之外，能量传输效率也是一个重要参数，其定义为

$$\eta_E=\frac{E_{\text{output}}}{E_{\text{input}}}=\frac{\displaystyle\int_{t_{\text{out1}}}^{t_{\text{out2}}}\frac{U_{\text{output}}^2(t)}{Z_{\text{output}}}\mathrm{d}t}{\displaystyle\int_{t_0}^{t_{\text{end}}}\frac{U_{\text{input}}^2(t)}{Z_{\text{input}}}\mathrm{d}t} \tag{2.5}$$

其中，E_{output}为输出的总能量，E_{input}为输入的总能量，t_0为输入脉冲的起始时刻，t_{end}为输入脉冲的终止时刻，t_{out1}为输出的起始时刻，t_{out2}为输出的终止时刻。

2.3 仿真结果

文献[5]指出，在电路仿真中，对于输入电压波形为半正弦脉冲的情形，共有两个核心变量影响非均匀传输线的η，其一为输入的半正弦脉冲半高宽T_{FWHM}与非均匀传输线单向传输时间T_{line}的比值Γ，其二为非均匀传输线输出端特性阻抗Z_{output}与输入端特性阻抗Z_{input}的比值Ψ。在拍瓦级脉冲驱动源中[37]，每层非均匀传输线的参数为$T_{\text{FWHM}}=150\text{ns}$，$T_{\text{line}}=1009\text{ns}$，$Z_{\text{output}}=2.16\Omega$，$Z_{\text{input}}=0.203\Omega$。由此可得

$$\Gamma=T_{\text{FWHM}}/T_{\text{line}}=0.149 \tag{2.6}$$

$$\Psi=Z_{\text{output}}/Z_{\text{input}}=10.64 \tag{2.7}$$

本书以此参数为基本参数，通过改变T_{FWHM}改变Γ，通过改变Z_{output}改变Ψ，利用电路仿真研究了Γ或Ψ单独变化对线性线、指数线、高斯线和双曲线四种线型的η的影响，并将结果进行了对比。其中，对于双曲线，将坐标原点定在文献[37]中整体径向传输线的圆心处。此时，式(1.21)中双曲

线的输入端横坐标为 $x_{\text{input}}=-36.832\text{m}$，输出端横坐标为 $x_{\text{output}}=-3\text{m}$。图 2.2 是根据式(1.17)～式(1.21)计算出的四种线型的沿线特性阻抗随径向位置的变化曲线。

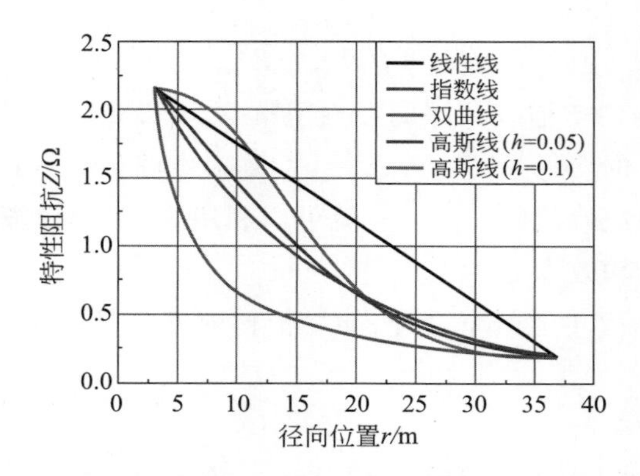

图 2.2 线性线、指数线、高斯线和双曲线的沿线特性阻抗随径向位置的变化曲线(见文前彩图)

图 2.3 是四种线型的非均匀传输线的 η 与 Γ 和 Ψ 的关系。从中可以得出五条结论。

(1) 指数线、高斯线和线性线的电路仿真结果与 Hu 等人的研究结果基本一致[5]，说明本书所做的电路仿真的结果是正确的。

(2) 当 $Z_{\text{output}}>Z_{\text{input}}$，即 $\Psi>1$ 时，四种线型的非均匀传输线的 η 都随 Γ 和 Ψ 的增加而下降。

(3) 线性线、高斯线和双曲线的 η 都低于指数线的 η。

(4) 对于高斯线，η 会随 h 的减小而上升，这是因为 h 越小高斯线就越接近指数线，而指数线的 η 是最高的。

(5) 线性线、双曲线和高斯线的 η 与 Γ 和 η 与 Ψ 的变化关系曲线都出现了相交，这说明在某种 Γ 和 Ψ 的取值条件下 η 较高的线型在另一种 Γ 和 Ψ 的取值条件下 η 可能较低。但是，在任何条件下，指数线的 η 都不低于其他线型。从这一方面看，实际中选用的线型应该是指数线，而不是线性线、高斯线或双曲线。

图 2.4 是四种线型的非均匀传输线的 η_E 与 Γ 和 Ψ 的关系。从中可以看出 η_E 与 η 具有相似的变化规律，此处不再赘述。

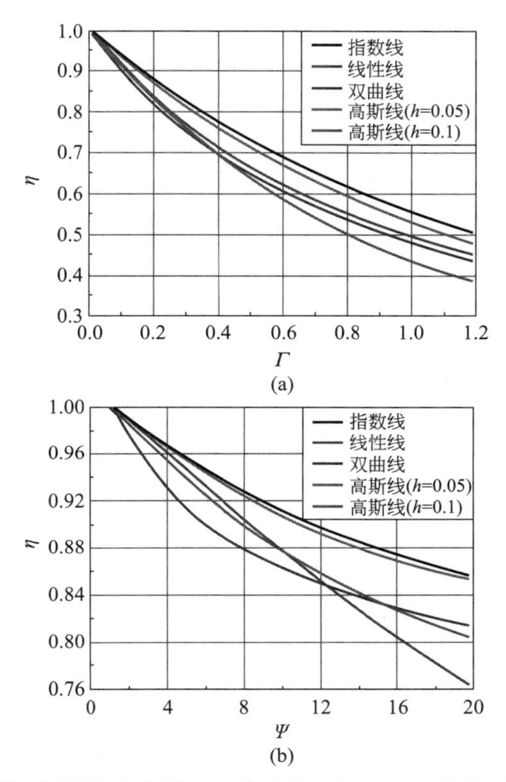

图 2.3　线性线、指数线、高斯线和双曲线的 η 与 Γ 和 Ψ 的关系(见文前彩图)

(a) η 与 Γ 的关系；(b) η 与 Ψ 的关系

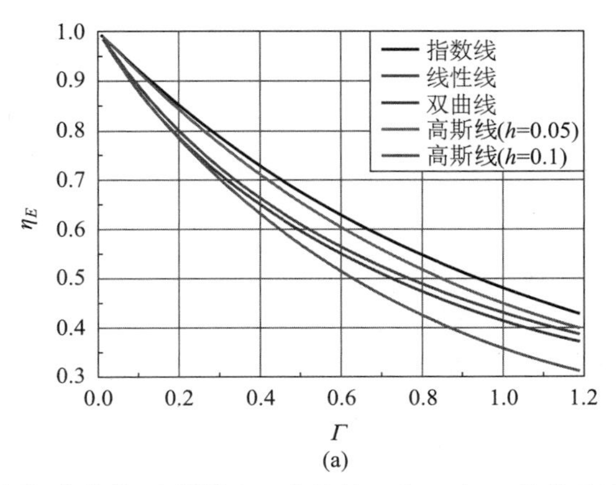

图 2.4　线性线、指数线、高斯线和双曲线的 η_E 与 Γ 和 Ψ 的关系(见文前彩图)

(a) η_E 与 Γ 的关系；(b) η_E 与 Ψ 的关系

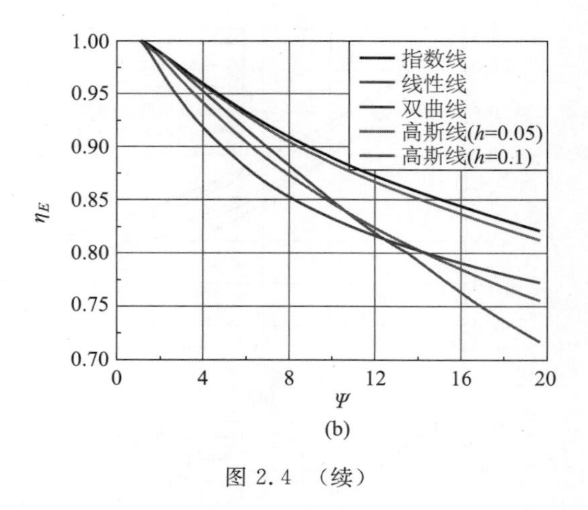

(b)

图 2.4 (续)

2.4 对仿真结果的进一步分析

本节利用傅里叶变换和反变换对指数线的 η 和 η_E 高于其他线型的原因进行分析。

根据傅里叶变换理论，任意半正弦脉冲都可以看作无穷多个不同角频率的连续正弦波的叠加。用 $f(\omega_0 t)$表示任意半正弦脉冲，其中 ω_0 为半正弦脉冲的角频率，则角频率为 ω 的连续正弦波分量的幅值为

$$A(\omega) = \int_{-\infty}^{\infty} \mathrm{e}^{-\mathrm{j}\omega t} f(\omega_0 t)\,\mathrm{d}t \tag{2.8}$$

对 $\omega_0 = 7\mathrm{Mrad/s}$(对应 $T_{\mathrm{FWHM}} = 300\mathrm{ns}$)和 $\omega_0 = 14\mathrm{Mrad/s}$(对应 $T_{\mathrm{FWHM}} = 150\mathrm{ns}$)的半正弦脉冲做傅里叶变换，所得不同角频率分量的相对幅值如图 2.5 所示。从图 2.5 可以得出两条结论：第一，角频率较低的半正弦脉冲的低频分量所占比例更大；第二，两个角频率的半正弦脉冲都以低频分量为主。

对输入的半正弦脉冲做傅里叶变换之后，分别计算各角频率的连续正弦波分量单独作为输入时非均匀传输线的输出电压。根据电路的叠加原理，非均匀传输线的总输出电压等于所有这些输出电压之和。设角频率为 ω 的正弦波分量单独作为输入时得到的输出电压为 $K(\omega)A(\omega)$，其中 $K(\omega)$是幅频响应系数，与电路本身的特性有关。利用傅里叶反变换，即可得到半正弦脉冲 $f(\omega_0 t)$作为输入电压脉冲得到的非均匀传输线的输出电压：

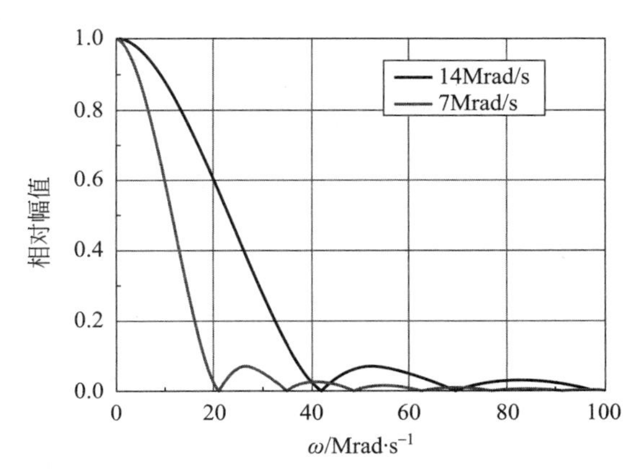

图 2.5　不同角频率的半正弦脉冲的傅里叶频谱幅值图(见文前彩图)

$$U_{\mathrm{output}}(t)=\frac{1}{2\pi}\int_{-\infty}^{\infty}K(\omega)A(\omega)\mathrm{e}^{\mathrm{j}\omega t}\mathrm{d}\omega \tag{2.9}$$

利用 PSpice 电路仿真得到的线性线、指数线、高斯线和双曲线的归一化 $K(\omega)$与 ω 的关系如图 2.6 所示。仿真利用的电路模型只需将图 2.1 中半正弦脉冲源替换为连续正弦波即可,并选取稳态电压幅值作为输出电压来计算 $K(\omega)$。将 $K(\omega)$除以$(Z_{\mathrm{output}}/Z_{\mathrm{input}})^{1/2}$进行归一化。理想情形下,没有折反射损失,归一化的 $K(\omega)$值应为 1。在考虑折反射造成的损失的情况下,归一化的 $K(\omega)$的值应小于 1。

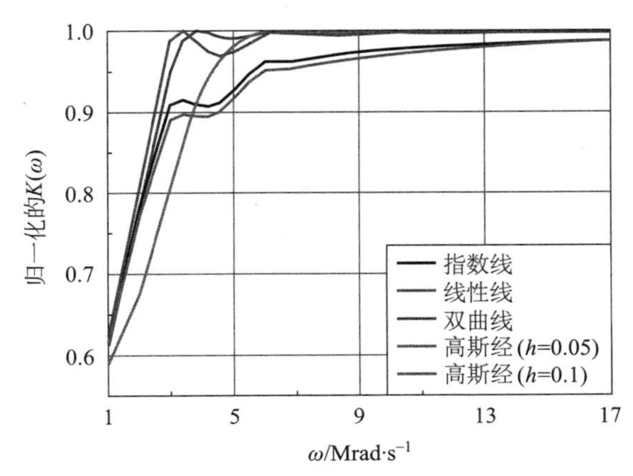

图 2.6　线性线、指数线、高斯线和双曲线线型非均匀传输线的归一化 $K(\omega)$与 ω 的关系(见文前彩图)

参数设置:$T_{\mathrm{FWHM}}=150\mathrm{ns}$, $T_{\mathrm{line}}=1009\mathrm{ns}$, $Z_{\mathrm{input}}=0.203\Omega$

从图 2.6 中可以得出如下五条结论。

(1) 在高频($\omega>13$Mrad/s)部分,各种线型非均匀传输线的归一化 $K(\omega)$都接近 1,这表明高频部分的折反射损失很小。

(2) 每种线型非均匀传输线的归一化 $K(\omega)$曲线都存在一个拐点角频率 ω_t,低于此角频率时输出电压随角频率降低迅速下降,这表明非均匀传输线可看做无源高通滤波器。这种特性在 Z 箍缩中有着重要的意义,无源高通滤波器可以减少可能存在的低频预脉冲并对主脉冲的宽度进行一定程度的压缩[37,73]。

(3) 对于高斯线,ω_t随 h 的减小而减小,并向指数线的 ω_t 靠拢。这正是因为 h 越小,高斯线越接近指数线。

(4) 在频率低于 ω_t的部分,指数线归一化的 $K(\omega)$总是高于其他线型。由于半正弦脉冲中存在很大部分的低频分量,而指数线在传递低频分量方面优于其他线型,所以图 2.3 中指数线的 η 最高。随着半正弦脉冲的角频率 ω_0的下降,即 Γ 的下降,低频分量所占比例上升,其他线型与指数线之间的 η 和 η_E的差距也就变大了。

(5) 在频率高于 ω_t的部分,指数线归一化 $K(\omega)$随 ω 的变化曲线存在明显的振荡现象,而高斯线的归一化的 $K(\omega)$的值则相对较高且稳定。因此,在微波领域中,在传输单一频率的波时,有时采用高斯线型而不是指数线型进行阻抗变换。事实上,这种震荡现象应该是折反射波在一定程度上形成驻波引起的。

2.5　本章小结

本章对线性线、指数线、高斯线和双曲线进行了 PSpice 电路仿真研究,并利用傅里叶变换和反变换对结果进行了深入分析,得到以下的主要结论。

(1) 在 $Z_{\text{output}}>Z_{\text{input}}$的情况下,各种线型的非均匀传输线的 η 和 η_E都随 Γ 和 Ψ 的增大而减小。

(2) 指数线型的 η 和 η_E是所有线型中最高的,因此,指数线型可能是最适合应用在实际中的线型。

(3) 由于输入的半正弦脉冲中存在很大部分的低频分量,而指数线在传输低频分量方面优于其他线型,所以指数线的 η 和 η_E最高,且其他线型与指数线的 η 和 η_E之间的差距会随输入半正弦脉冲角频率 ω_0的下降(即 Γ 的下降)而增大。

第3章　非均匀传输线传输特性的解析分析研究

本章仍不考虑非均匀传输线的三维几何位形，只研究沿线特性阻抗变化规律对传输特性的影响。与第2章的电路仿真研究方法相比，利用解析分析方法对非均匀传输线的传输特性进行研究具有四大优势。第一，利用电路仿真方法进行研究无法涵盖所有非均匀传输线线型及输入脉冲波形等参数，而利用解析方法则不受此限制；第二，从解析解的数学表达式可以更清楚地研究各变量对结果的影响；第三，利用解析解的数学表达式可以进一步探讨非均匀传输线传输特性的物理本质；第四，在电路仿真软件中改变非均匀传输线的参数往往较为繁琐，而利用非均匀传输线的解析解则方便得多。

本章忽略非均匀传输线的电阻和电导带来的功率损失，只考虑其特性阻抗沿线变化引起的电压波折反射带来的损失。首先利用解析分析的方法，推导出了任意脉冲激励条件下非均匀传输线输出电压的解析表达式。然后根据该表达式，进一步研究了影响输出电压波形的因素，证明了非均匀传输线的首达波特性、脉冲压缩特性、高通特性、峰值特性和平顶下降特性。最后，根据此输出电压的解析表达式，用MATLAB软件制作了一个图形用户界面，以方便修改各种参数并求解得到输出电压的波形。

3.1　解析求解

3.1.1　模型建立

在第2章中，将非均匀传输线等效为多段特性阻抗各不相同的均匀传输线串联在一起，各段均匀线的特性阻抗依照非均匀传输线的线型而变。本章中，为了推导非均匀传输线的输出电压的数学表达式，采取与上述相同的方法，将非均匀传输线看成$(m+1)$段等长度的均匀传输线串联而成。各段均匀传输线的特性阻抗和单向传输时间分别为$Z_i(i=0,1,2,\cdots,m)$(以下将特性阻抗为Z_i的小段均匀线称为第i段线)和Δt，且有

$$\Delta t = T_{\text{line}}/(m+1) \tag{3.1}$$

考虑到非均匀传输线输入端口处的阻抗匹配问题，在串联多段均匀传输线的输入端连接一根足够长的均匀传输线，其特性阻抗与 Z_0 相等；在多段线的输出端连接一个纯电阻负载 R，其阻值与 Z_m 相等。最终的等效电路如图 3.1 所示，一个脉冲电压波 $U_{\text{input}}(t)$ 沿着足够长的均匀传输线入射到串联多段线上。设 $U_{\text{input}}(t)$ 波形的数学表达式为式(3.2)的形式，其中 $f(t)$ 为任意连续函数。

$$U_{\text{input}}(t) = \begin{cases} 0, & t < 0 \\ f(t), & 0 \leqslant t \leqslant t_{\text{end}} \\ 0, & t > t_{\text{end}} \end{cases} \tag{3.2}$$

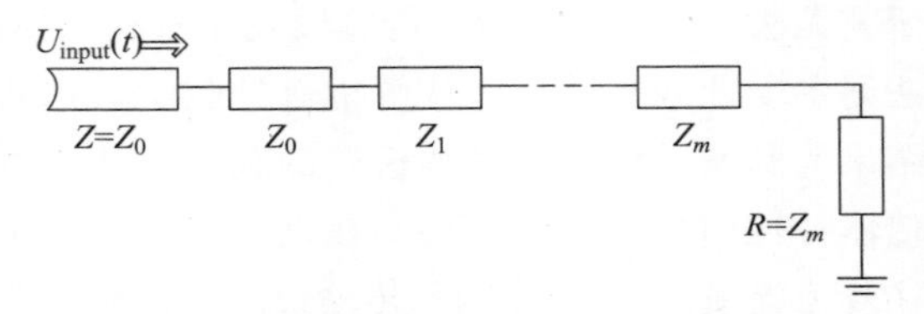

图 3.1 等效为级联多段线的非均匀传输线

3.1.2 输出电压的解析求解

当 $U_{\text{input}}(t)$ 沿着级联多段线行进时，它在相邻两段线的连接处将经历折射和反射，在第 i 段线和第 $i+1$ 段线连接处的折射系数 $\tau_{i,i+1}$ 和反射系数 $\gamma_{i,i+1}$ 可以分别表示为

$$\tau_{i,i+1} = \frac{2Z_{i+1}}{Z_{i+1}+Z_i} \tag{3.3}$$

$$\gamma_{i,i+1} = \frac{Z_{i+1}-Z_i}{Z_{i+1}+Z_i} \tag{3.4}$$

假设非均匀传输线的特性阻抗沿线连续且单调(显然，单调变化可以使其 η 更高)地变化，当 $m \to +\infty$ 时，得到

$$\tau_{i,i+1} \to 1 \tag{3.5}$$

$$\gamma_{i,i+1} \to 0 \tag{3.6}$$

$$\gamma_{i,i+1}\gamma_{j+1,j} < 0 \tag{3.7}$$

其中，$\gamma_{i,i+1}$ 和 $\gamma_{j+1,j}$ 分别为前行波和反行波的反射系数。

由于 $U_{\text{input}}(t)$ 在多段线中经历多次的折射和反射，它产生了众多的前行波分量和反行波分量。需要注意的是，前行波分量经过一次反射会变成反行波，反行波分量经历一次反射会变成前行波。因此，前行波分量是经历偶数次反射产生的，而反行波分量是经历奇数次反射产生的。显然，只有那些前行波分量可以抵达负载。因此，负载上的电压是由 1 个零次反射分量(即反射次数为 0)和众多的偶次反射分量(即反射次数 $N=0,2,4,\cdots$)叠加而成的。零次反射分量是 $U_{\text{input}}(t)$在所有相邻的两段均匀线的连接处总共经历 m 次折射后抵达负载的，它不经历任何反射，因而没有经历任何反行的过程，从而不存在反射延时，故称之为首达波。将 $N=2$ 的偶次反射分量称为二次反射分量，将 $N>2$ 的偶次反射分量称为高阶反射分量。由式(3.6)可知：与二次反射分量相比，高阶反射分量是高阶无穷小量，它可以被忽略(在 3.1.3 小节中，本书将会对忽略高阶反射分量的合理性进行检验)。因此，负载上的电压可以表示为

$$U_{\text{output}}(t+T_{\text{line}})=\rho_0 U_{\text{input}}(t)+\sum_{i=1}^{l}\rho_0\rho_i U_{\text{input}}(t-2i\Delta t) \tag{3.8}$$

其中，$\rho_0 U_{\text{input}}(t)$是首达波，$\rho_0\rho_i U_{\text{input}}(t-2i\Delta t)$ $(i=0,1,2,\cdots,l)$是二次反射分量，ρ_0 和 ρ_i 是仅决定于各段均匀线特性阻抗的常数，l 是不大于 $t/(2\Delta t)$且不大于 $m-1$ 的最大整数。

比较式(3.8)中各项的时间顺序，显然，首达波比 $U_{\text{input}}(t)$延迟了 T_{line}，这是电压波从非均匀传输线输入端传输到输出端所需的时间，即所谓非均匀传输线的单向传输时间。二次反射分量比首达波又延迟了 $2i\Delta t$，这个额外的延迟是由于反射造成的电压波反行引起的。

现在本书分别推导首达波的幅值系数 ρ_0 和二次反射分量产生的 ρ_i 的数学表达式。由于首达波是 $U_{\text{input}}(t)$经历 m 次折射后的结果，ρ_0 可以表示为

$$\rho_0=\prod_{j=1}^{m}\tau_{j-1,j}=\prod_{j=1}^{m}\frac{2Z_j}{Z_{j-1}+Z_j}>0 \tag{3.9}$$

至于二次反射，它既可能发生在单一段线的两端，也可能发生在多段串联线的两端。

当二次反射发生在单一段线 $j(j=1,2,3,\cdots,m-1)$的两端时，可得

$$\rho_1=\sum_{j=1}^{m-1}\gamma_{j,j+1}\gamma_{j,j-1}=\sum_{j=1}^{m-1}\left(\frac{Z_{j+1}-Z_j}{Z_{j+1}+Z_j}\frac{Z_{j-1}-Z_j}{Z_{j-1}+Z_j}\right)<0 \tag{3.10}$$

例如，当二次反射发生在第 2 段线($j=2$)的两端时，电压波的分量实际上经过了如下传输路径：前行波在第 2 段线和第 3 段线的连接处发生反射成为反行波，反射系数为 $\gamma_{2,3}$；这个反行波又在第 2 段线和第 1 段线的连接处发生反射成为前行波，反射系数为 $\gamma_{2,1}$。因此，这个二次反射分量要额外

乘以系数 $\gamma_{2,3}\gamma_{2,1}$。

当二次反射发生在 $i(i=2,3,4,\cdots,l)$ 段串联线的两端时，即从第 j 段线到第 $j+i-1(j=1,2,3,\cdots,m-i)$ 段串联线的两端时，可得

$$\begin{aligned}\rho_i &= \sum_{j=1}^{m-i}\left(\gamma_{j+i-1,j+i}\gamma_{j,j-1}\prod_{k=j}^{j+i-2}\tau_{k+1,k}\tau_{k,k+1}\right)\\&= \sum_{j=1}^{m-i}\left[\frac{Z_{j+i}-Z_{j+i-1}}{Z_{j+i}+Z_{j+i-1}}\frac{Z_{j-1}-Z_j}{Z_{j-1}+Z_j}\prod_{k=j}^{j+i-2}\frac{4Z_kZ_{k+1}}{(Z_k+Z_{k+1})^2}\right]<0,\quad i=2,3,4,\cdots,l\end{aligned}\tag{3.11}$$

例如，当二次反射发生在从第 2 段线到第 4 段线 $(j=2)$ 总共 3 段串联线 $(i=3)$ 的两端时，电压波的分量实际上经过了如下传输路径：前行波在第 4 段线和第 5 段线的连接处发生反射成为反行波，反射系数为 $\gamma_{4,5}$；这个反行波经过三段线（第 4,3,2 段），折射系数为 $\tau_{4,3}\tau_{3,2}$；然后又在第 2 段线和第 1 段线的连接处发生反射成为前行波，反射系数为 $\gamma_{2,1}$；这个前行波又经过三段线（第 2,3,4 段）到达第 4 段线和第 5 段线的连接处，折射系数为 $\tau_{2,3}\tau_{3,4}$。因此，这个二次反射分量要额外乘以下面这个系数：

$$\gamma_{4,5}\gamma_{2,1}\prod_{k=2}^{3}\tau_{k+1,k}\tau_{k,k+1}$$

综合式(3.10)和式(3.11)可知，$\rho_i(i=1,2,3,\cdots,l)$ 都是小于 0 的。因此，式(3.8)中所有二次反射分量都是小于 0 的，负载上的电压幅值要低于首达波幅值。可以说，二次反射分量降低了负载电压的幅值。

此外，所有的奇次 $(N=1,3,5,\cdots)$ 反射分量将反行，并进入首端的无限长均匀传输线。与偶次反射分量类似，相对于单次反射分量 $(N=1)$ 而言，其他的高阶奇次反射分量 $(N=3,5,\cdots)$ 都是高阶无穷小量，可以被忽略。当单次反射发生在第 $i-1$ 段线和第 $i(i=1,2,3,\cdots,l)$ 段线之间的连接处时，反行至输入端的单次反射分量可以表示为

$$(U_{\mathrm{ref}})_i(t)=\gamma_{i-1,i}\prod_{j=1}^{i-1}\tau_{j-1,j}\tau_{j,j-1}U_{\mathrm{input}}(t-2i\Delta t)$$

例如，当单次反射发生在第 2 段和第 3 段线之间 $(i=3)$ 的连接处时，入射电压波实际上经过了如下传输路径：入射电压波 $U_{\mathrm{input}}(t)$ 首先经过两次折射到达第 2 段线，折射系数为 $\tau_{0,1}\tau_{1,2}$；然后在第 2 段线和第 3 段线之间发生反射，反射系数为 $\gamma_{2,3}$；然后又经过两次折射到达入射端处，折射系数为 $\tau_{2,1}\tau_{1,0}$。因此，这个单次反射分量要额外乘以下面这个系数：

$$\gamma_{2,3}\prod_{j=1}^{2}\tau_{j-1,j}\tau_{j,j-1}$$

反行进入首端均匀传输线的总的电压波可看作是所有单次反射分量之和，即

$$U_{\mathrm{ref}}(t)=\sum_{i=1}^{m}(U_{\mathrm{ref}})_i=\sum_{i=1}^{m}\gamma_{i-1,i}\prod_{j=1}^{i-1}\tau_{j-1,j}\tau_{j,j-1}U_{\mathrm{input}}(t-2i\Delta t)\tag{3.12}$$

在拍瓦级脉冲驱动源中，反行至首端的电压波并不重要，且其研究方法与前行波类似，所以本书不对其做进一步的说明。

3.1.3　解析求解与电路仿真的结果对比

为检验式(3.8)是否正确，比较根据式(3.8)计算得到的负载电压波形和第 2 章中利用 PSpice 电路仿真得到的负载电压波形。本书以概念中的未来拍瓦级脉冲驱动源中使用的半正弦脉冲作为输入电压波形[37]，即

$$U_{\mathrm{input}}(t)=\begin{cases}0, & t<0\\ \sin\omega t, & 0\leqslant t\leqslant \pi/\omega\\ 0, & t>\pi/\omega\end{cases}\tag{3.13}$$

选定角频率 $\omega=14\mathrm{Mrad/s}$，对应的半正弦脉冲的半高宽约为 150ns；选用指数线和线性线两种线型，并且 $Z_{\mathrm{input}}=0.203\Omega$，$Z_{\mathrm{output}}=2.16\Omega$，$r_{\mathrm{input}}=36.832\mathrm{m}$，$r_{\mathrm{output}}=3\mathrm{m}$，$T_{\mathrm{line}}=1009\mathrm{ns}$。根据式(3.8)进行计算时，逐渐增大 m，观察其计算结果逼近 PSpice 电路仿真结果的过程，即所谓的收敛过程。如图 3.2 所示，当 m 增大至 20 时，根据式(3.8)计算得到的负载电压波形与 PSpice 电路仿真得到的波形完全重叠，这证明式(3.8)是正确的。因此，在

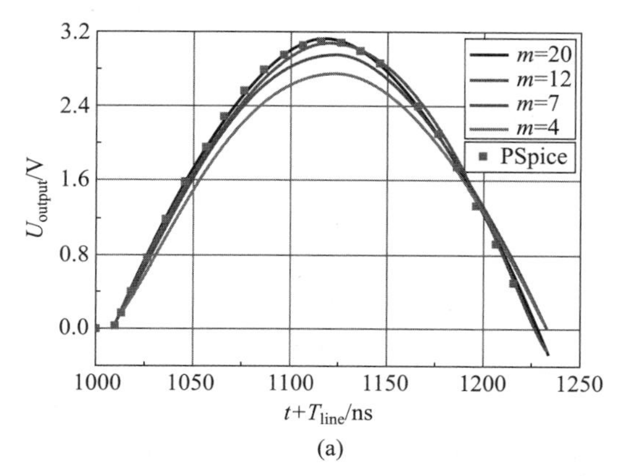

图 3.2　根据式(3.8)得到的指数线和线性线负载电压波形和利用 PSpice 软件得到的负载电压波形的比较(见文前彩图)

(a) 指数线；(b) 线性线

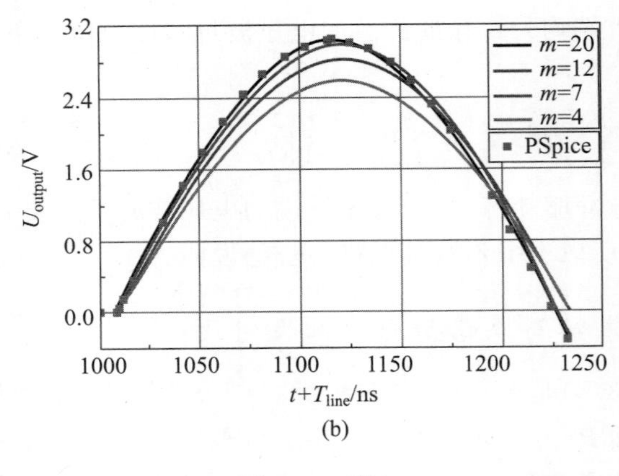

图 3.2 （续）

本书后面的章节中，对电路仿真结果和解析分析结果在表述上不加区别。

3.2 理论分析

3.2.1 输出电压的影响因素

根据式(3.8)，可以分析影响输出电压的因素。

(1) 输入电压 $U_{input}(t)$同时也决定了 $U_{input}(t-2i\Delta t)$。输出电压受输入电压的影响，这很容易理解，不需要做过多分析。

(2) l 是不大于 $t/(2\Delta t)$且不大于 $m-1$ 的最大整数。利用式(3.1)可得

$$\frac{t}{2\Delta t}=\frac{t}{2T_{line}/(m+1)}=\frac{(m+1)t}{2T_{line}} \tag{3.14}$$

需要注意的是

$$\lim_{m\to+\infty}\frac{t/(2\Delta t)}{m-1}=\lim_{m\to+\infty}\frac{(m+1)}{2(m-1)}\frac{t}{T_{line}}=\frac{t}{2T_{line}} \tag{3.15}$$

因此，当 $t\leqslant 2T_{line}$时，即所取时刻不超过传输线的单向传输时间的两倍时，式(3.8)中 l 是不大于 $t/(2\Delta t)$的最大整数，即不大于$(m+1)t/(2T_{line})$的最大整数；当 $t>2T_{line}$时，即所取时刻超过传输线的单向传输时间的两倍时，式(3.8)中 l 是不大于$(m-1)$的最大整数。为了使计算结果更精确，m 应无限大，所以 l 仅由所取时刻 t 和传输线的单向传输时间 T_{line}决定。

(3) ρ_0 和 $\rho_i(i=1,2,3,\cdots,l)$是由传输线的沿线特性阻抗决定的。根据式(3.9)～式(3.11)可以进一步看出，若传输线的沿线特性阻抗同时增大或

减小相同的倍数，ρ_0 和 $\rho_i(i=1,2,3,\cdots,l)$ 的值保持不变，输出电压波形也保持不变。从式(1.17)～式(1.19)可以看出，在 Ψ 不变的情况下，线性线、指数线和高斯线的沿线特性阻抗会随 Z_{input} 改变而同时增大或减小相同的倍数。因此，对于这几种传输线而言，$\rho_i(i=0,1,2,\cdots,l)$ 仅由 Ψ 决定。

综上，任意时刻 $(t+T_{\text{line}})$ 的输出电压是由输入电压、传输线的单向传输时间 T_{line} 和传输线的沿线特性阻抗决定的。这里的输入电压包括 t 时刻及 t 时刻之前的输入电压。特别地，对于线性线、指数线和高斯线，其沿线特性阻抗对输出电压的影响仅由 Ψ 决定。

3.2.2　首达波特性

一方面，根据能量守恒定律，如果没有反射损失，非均匀传输线的输出端与输入端的功率相等，对应的输出电压和输入电压之比等于 $(Z_m/Z_0)^{1/2}$。另一方面，由式(3.8)可知：如果没有反射损失，非均匀传输线(即前述级联多段线 $m\to\infty$ 时)的输出电压就是首达波，即：

$$\lim_{m\to\infty}\rho_0=\sqrt{Z_m/Z_0} \tag{3.16}$$

下面本书将用数学分析方法证明式(3.16)。为此，先证明一个引理。

引理：设函数 $f(x)$ 在闭区间 $[a,b]$ 上连续且恒正，取 $[a,b]$ 的 $(m-1)$ 个 m 等分点，依次记为 $x_1,x_2,\cdots,x_{m-1}$，并记 $x_0=a$，$x_m=b$，则有

$$\lim_{m\to\infty}\prod_{i=1}^{m}\frac{2f(x_i)}{f(x_{i-1})+f(x_i)}=\sqrt{\frac{f(b)}{f(a)}} \tag{3.17}$$

证明：

$$\begin{aligned}\lim_{m\to\infty}\ln\left[\prod_{i=1}^{m}\frac{2f(x_i)}{f(x_{i-1})+f(x_i)}\right]&=\lim_{m\to\infty}\sum_{i=1}^{m}\left[\ln\frac{2f(x_i)}{f(x_{i-1})+f(x_i)}\right]\\&=\lim_{m\to\infty}\sum_{i=1}^{m}\left[\ln f(x_i)-\ln\frac{f(x_{i-1})+f(x_i)}{2}\right]\end{aligned} \tag{3.18}$$

对于任意的 $i=1,2,\cdots,m$，由拉格朗日微分中值定理可知，存在 $\lambda_i\in[f(x_i),[f(x_{i-1})+f(x_i)]/2]$(当 $f(x_i)\leqslant[f(x_{i-1})+f(x_i)]/2$ 时)或 $\lambda_i\in[[f(x_{i-1})+f(x_i)]/2,f(x_i)]$(当 $f(x_i)>[f(x_{i-1})+f(x_i)]/2$ 时)，使得

$$\begin{aligned}\ln f(x_i)-\ln\frac{f(x_{i-1})+f(x_i)}{2}&=\frac{1}{\lambda_i}\left[f(x_i)-\frac{f(x_{i-1})+f(x_i)}{2}\right]\\&=\frac{f(x_i)-f(x_{i-1})}{2\lambda_i}\end{aligned} \tag{3.19}$$

由于 $f(x)$ 在 $[x_0, x_m]$ 上连续，所以对于任意的 $i=1,2,\cdots,m$，存在 $\xi_i \in [(x_{i-1}+x_i)/2, x_i] \subseteq [x_{i-1}, x_i]$，使得 $f(\xi_i)=\lambda_i$，代入式(3.19)，得到

$$\ln f(x_i) - \ln \frac{f(x_{i-1})+f(x_i)}{2} = \frac{f(x_i)-f(x_{i-1})}{2f(\xi_i)} \tag{3.20}$$

将式(3.20)代入式(3.18)，得到

$$\begin{aligned}\lim_{m\to\infty}\ln\left[\prod_{i=1}^{m}\frac{2f(x_i)}{f(x_{i-1})+f(x_i)}\right] &= \lim_{m\to\infty}\sum_{i=1}^{m}\frac{f(x_i)-f(x_{i-1})}{2f(\xi_i)} \\ &= \int_{f(x_0)}^{f(x_m)}\frac{\mathrm{d}f(x)}{2f(x)} = \ln\sqrt{\frac{f(x_m)}{f(x_0)}}\end{aligned} \tag{3.21}$$

因此可得

$$\lim_{m\to\infty}\prod_{i=1}^{m}\frac{2f(x_i)}{f(x_{i-1})+f(x_i)} = \sqrt{\frac{f(x_m)}{f(x_0)}} = \sqrt{\frac{f(b)}{f(a)}}$$

引理得证。

对于任意沿线特性阻抗连续变化的非均匀传输线，其特性阻抗恒正，满足引理的条件。因此，根据引理可得

$$\lim_{m\to\infty}\rho_0 = \lim_{m\to\infty}\prod_{j=1}^{m}\frac{2Z_j}{Z_{j-1}+Z_j} = \sqrt{\frac{Z_m}{Z_0}} \tag{3.22}$$

式(3.16)得以证明。

表3.1是 m 取不同值时，利用式(3.9)对非均匀传输线的 ρ_0 进行计算的结果。计算时选取了3种不同的线型(线性线、指数线、高斯线($h=0.1$))，它们的 Z_m 和 Z_0 分别为2.16Ω和0.203Ω，对应的 $(Z_m/Z_0)^{1/2}=3.261\,96$。从表3.1可以看出，当 m 足够大时，三种不同线型非均匀传输线的首达波幅值 ρ_0 均等于 $(Z_m/Z_0)^{1/2}$，这进一步证明了式(3.16)的正确性。

表3.1 线性线、指数线和高斯线($h=0.1$)的 ρ_0 计算结果

m	线性线	指数线	高斯线($h=0.1$)
100	3.226 56	3.239 24	3.201 01
300	3.250 11	3.254 37	3.241 51
1000	3.258 40	3.259 68	3.255 81
3000	3.260 77	3.261 20	3.259 91
10 000	3.261 60	3.261 73	3.261 35
30 000	3.261 84	3.261 89	3.261 76
100 000	3.261 93	3.261 94	3.261 90

注：$Z_m=2.16\Omega$，$Z_0=0.203\Omega$。

3.2.3 脉冲压缩特性

从上述分析可知，首达波是非均匀传输线的理想输出电压。但是，由于反射分量的存在，尤其是二次反射分量，使得非均匀传输线的输出电压低于理想值$(Z_m/Z_0)^{1/2}$。值得注意的是：二次反射分量不仅降低了输出电压的幅值，而且压缩了输出电压的脉宽，后者称为非均匀传输线的脉冲压缩特性[5,73]。对于一般的波形，其脉宽难以明确定义，而半正弦脉冲的脉宽就是其半高宽，很容易确定。因此，本书根据式(3.8)，证明式(3.13)中半正弦脉冲输入情形下的非均匀传输线的脉冲压缩特性。

本书比较入射波$U_{\text{input}}(t)$和输出电压波$U_{\text{output}}(t+T_{\text{line}})$的两个特征时间点，$t_1=\pi/(2\omega)$和$t_2=\pi/\omega$。对于$U_{\text{input}}(t)$，$t_2$是它的第二个零点，$U_{\text{input}}(t_2)=0$。但是，对于$U_{\text{output}}(t+T_{\text{line}})$，$t_2$不是它的零点。根据式(3.8)～式(3.11)可知，$U_{\text{output}}(t_2+T_{\text{line}})<0$，这意味着$U_{\text{output}}(t+T_{\text{line}})$的第二个零点向前移动了。对于$U_{\text{input}}(t)$，$t_1$是它的最大值对应的时间点，即$U_{\text{input}}(t_1)=[U_{\text{input}}(t)]_{\max}=1$。但是，仍然不知道$t_1$是否是$U_{\text{output}}(t+T_{\text{line}})$的最大值对应的时间点。因此，本书将$U_{\text{output}}(t+T_{\text{line}})$对时间求导数，得到

$$\begin{aligned}\frac{\mathrm{d}}{\mathrm{d}t}[U_{\text{output}}(t+T_{\text{line}})]\big|_{t=t_1} &= \rho_0\omega\sum_{i=1}^{l}\rho_i\cos\omega(t_1-2i\Delta t)\\ &= \rho_0\omega\sum_{i=1}^{l}\rho_i\sin(2\omega i\Delta t)\end{aligned}\tag{3.23}$$

根据式(3.9)～式(3.11)以及l的取值限制，可得

$$\frac{\mathrm{d}}{\mathrm{d}t}[U_{\text{output}}(t+T_{\text{line}})]\big|_{t=t_1}<0\tag{3.24}$$

由式(3.24)可知，t_1位于$U_{\text{output}}(t+T_{\text{line}})$波形的下降沿，这意味着$U_{\text{output}}(t+T_{\text{line}})$的最大值出现在$t_1$之前的某一时刻，设该时刻为$t_3$，则有$t_3<t_1$。相对于入射波$U_{\text{input}}(t)$而言，输出电压波$U_{\text{output}}(t+T_{\text{line}})$最大值对应的时间点和第二个零点都向前移动了，由此可以得出结论：输出电压脉冲$U_{\text{output}}(t+T_{\text{line}})$的脉宽被压缩了。

为了使这种脉冲压缩特性一目了然，本书利用式(3.8)计算得到了$U_{\text{output}}(t+T_{\text{line}})$的波形和首达波$\rho_0U_{\text{input}}(t)$的波形，如图3.3所示。由于首达波和入射波两者波形形状相同(但幅值不同)，本书在首达波波形上标出了t_1和t_2。同时，在$U_{\text{output}}(t+T_{\text{line}})$波形上标出了其最大值时间点$t_3$和第二个零点$t_4$的位置。除了脉冲压缩特性之外，还可以看到首达波的幅值约为3.26，正好等于$(Z_m/Z_0)^{1/2}$的数值。

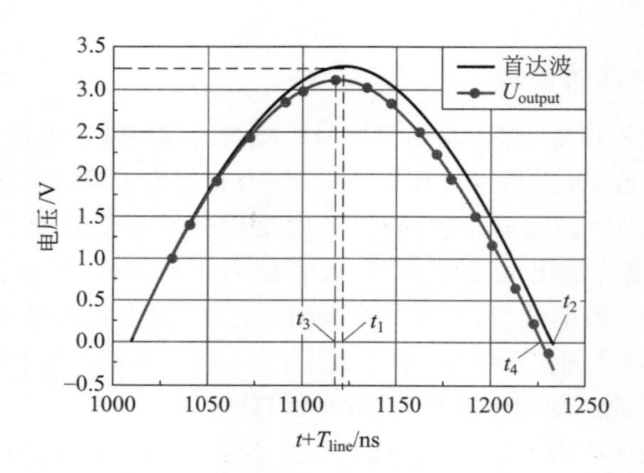

图 3.3　首达波 $\rho_0 U_{input}(t)$ 和负载电压 $U_{output}(t+T_{line})$ 波形的比较

3.2.4　高通特性

此前的研究已经表明：在其他条件不变的情况下，随着入射波频率的升高，非均匀传输线输出电压的最大值也随之增大[5,73,95]，这种特性称为非均匀传输线的高通特性。与 3.2.3 节类似，为了便于说明，本书也以式(3.13)所示的半正弦脉冲输入为例对高通特性进行证明。显然，从数学上证明该高通特性的最直截了当的方法是将式(3.8)对角频率 ω 求偏导数，证明 $\partial[U_{output}(t+T_{line})]/\partial\omega>0$。但是，$\partial[U_{output}(t+T_{line})]/\partial\omega$ 的数学表达式非常复杂，难以判断该偏导数是否大于 0。因此，本书采用下面的方法来证明该高通特性。

假设选用两个角频率分别为 ω_1 和 ω_2 的半正弦脉冲，各自驱动一个相同的非均匀传输线，并且 $\omega_1>\omega_2$。通过比较这两个角频率对应的输出电压 $U_{output1}(t+T_{line})$ 和 $U_{output2}(t+T_{line})$ 的最大值，即可判断高通特性。

在本书 3.2.3 节中证明了非均匀传输线的脉冲压缩特性。根据此脉冲压缩特性可以知道，若 $U_{output1}(t+T_{line})$ 和 $U_{output2}(t+T_{line})$ 的最大值分别出现在 t_{m1} 和 t_{m2} 时刻，则有 $0<t_{m1}<\pi/(2\omega_1)$ 和 $0<t_{m2}<\pi/(2\omega_2)$。对于任意一个时刻 t_2 且 $0<t_2<\pi/(2\omega_2)$，必然存在一个时刻 t_1 且 $0<t_1<\pi/(2\omega_1)$，使得

$$\omega_1 t_1 = \omega_2 t_2 \tag{3.25}$$

显然，如果能够证明 $U_{output1}(t+T_{line})>U_{output2}(t+T_{line})$，就证明了高通特性。

根据式(3.8)，可得

$$U_{output1}(t_1+T_{line}) = \rho_0 \sin\omega_1 t_1 + \sum_{i=1}^{l_1}\rho_0\rho_i \sin\omega_1(t_1-2i\Delta t) \tag{3.26}$$

$$U_{\text{output2}}(t_2+T_{\text{line}})=\rho_0\sin\omega_2 t_2+\sum_{i=1}^{l_2}\rho_0\rho_i\sin\omega_2(t_2-2i\Delta t) \tag{3.27}$$

其中，l_1 是不大于 $t_1/(2\Delta t)$ 且不大于 $m-1$ 的最大整数，l_2 是不大于 $t_2/(2\Delta t)$ 且不大于 $m-1$ 的最大整数。

根据式(3.25)和 $\omega_1>\omega_2$，可得 $t_1<t_2$，从而 $l_1\leqslant l_2$。因此，式(3.27)可转化为

$$\begin{aligned}&U_{\text{output2}}(t_2+T_{\text{line}})\\&=\rho_0\left[\sin\omega_2 t_2+\sum_{i=1}^{l_1}\rho_i\sin\omega_2(t_2-2i\Delta t)+\sum_{i=l_1+1}^{l_2}\rho_i\sin\omega_2(t_2-2i\Delta t)\right]\end{aligned} \tag{3.28}$$

考虑到 $\rho_0>0$ 和 $\rho_i<0(i=1,2,\cdots,l_2)$，根据式(3.28)可得不等式

$$U_{\text{output2}}(t_2+T_{\text{line}})\leqslant\rho_0\left[\sin\omega_2 t_2+\sum_{i=1}^{l_1}\rho_i\sin\omega_2(t_2-2i\Delta t)\right] \tag{3.29}$$

将式(3.25)代入式(3.29)，可得

$$U_{\text{output2}}(t_2+T_{\text{line}})\leqslant\rho_0\left[\sin\omega_1 t_1+\sum_{i=1}^{l_1}\rho_i\sin\omega_1\left(t_1-2i\Delta t\frac{\omega_2}{\omega_1}\right)\right] \tag{3.30}$$

根据 $\omega_1>\omega_2$，可得

$$\omega_1\left(t_1-2i\Delta t\frac{\omega_2}{\omega_1}\right)>\omega_1(t_1-2i\Delta t) \tag{3.31}$$

根据 $0<t_1<\pi/(2\omega_1)$，可得 $0<\omega_1(t_1-2i\Delta t)<\pi/2$ 和 $0<\omega_1(t_1-2i\Delta t\omega_2/\omega_1)<\pi/2$。因此，根据式(3.31)可得

$$\sin\omega_1\left(t_1-2i\Delta t\frac{\omega_2}{\omega_1}\right)>\sin\omega_1(t_1-2i\Delta t) \tag{3.32}$$

最终可得

$$\begin{aligned}&U_{\text{output2}}(t_2+T_{\text{line}})\\&\leqslant\rho_0\left[\sin\omega_1 t_1+\sum_{i=1}^{l_1}\rho_i\sin\omega_1\left(t_1-2i\Delta t\frac{\omega_2}{\omega_1}\right)\right]<U_{\text{output1}}(t_1+T_{\text{line}})\end{aligned} \tag{3.33}$$

至此非均匀传输线的高通特性从数学上得以证明。

图 3.4 是两个不同角频率($\omega_1=14\text{Mrad/s}$，$\omega_2=7\text{Mrad/s}$)的半正弦脉冲入射到非均匀传输线上得到的输出电压波形。显然，角频率较高的输入脉冲对应的输出电压幅值较高。

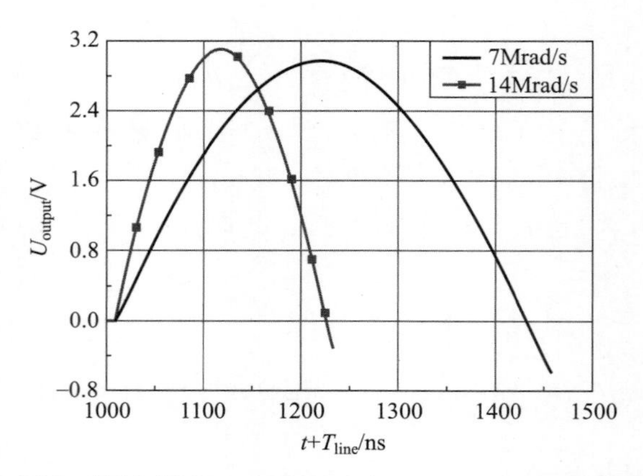

图 3.4 两个不同角频率($\omega_1=14$Mrad/s,$\omega_2=7$Mrad/s)的半正弦脉冲入射到非均匀传输线上得到的输出电压波形的比较

3.2.5 峰值特性

在本节中,将利用式(2.3)和式(3.8),证明文献[5]中的结论:半正弦脉冲输入的情形下,线性线、指数线和高斯线的 η 只与 Γ 和 Ψ 有关,T_{FWHM}、T_{line}、Z_{output} 和 Z_{input} 对峰值功率传输效率的影响并不是相互独立的。

将式(2.6)代入式(2.3),可得

$$\eta=\left[\frac{(U_{output})_{max}}{(U_{input})_{max}}\right]^2\frac{1}{\Psi} \tag{3.34}$$

已经假设电压波在非均匀传输线中以 TEM 模式传播,所以可以将非均匀传输线看做线性系统,这样输出电压与输入电压成正比。设式(3.34)中输入电压幅值$(U_{input})_{max}$不变,以下只需证明在 Γ 和 Ψ 保持不变的情况下,随意改变 T_{FWHM}、T_{line}、Z_{output} 和 Z_{input} 的值,$(U_{output})_{max}$保持不变即可。

(1) 设 Γ、Ψ、T_{FWHM} 和 T_{line} 都保持不变。对于半正弦脉冲而言,$(U_{input})_{max}$和 T_{FWHM} 可确定唯一的脉冲波形。因此,$U_{input}(t)$保持不变。此外,根据 3.2.1 节所得结论,对于每一时刻 t,式(3.8)中的 l 也保持不变。而线性线、指数线和高斯线的 ρ_i $(i=0,1,2,\cdots,l)$ 仅由 Ψ 决定,所以 $U_{output}(t+T_{line})$保持不变,从而$(U_{output})_{max}$保持不变,η 保持不变。

(2) 设 Γ、Ψ、Z_{output} 和 Z_{input} 保持不变,则 ρ_i $(i=0,1,2,\cdots,l)$保持不变。假设用两个角频率分别为 ω_1 和 ω_2 的半正弦脉冲,各自驱动一个非均匀传输线。两个非均匀传输线的变化规律(线性线、指数线或高斯线)、Z_{output} 和 Z_{input} 均相同,但单向传输时间不同,分别为 T_{line1} 和 T_{line2}。两套系统的 Γ 相同,即

$$\frac{T_{\mathrm{FWHM1}}}{T_{\mathrm{line1}}} = \frac{T_{\mathrm{FWHM2}}}{T_{\mathrm{line2}}} \tag{3.35}$$

所以

$$\frac{\omega_2}{\omega_1} = \frac{T_{\mathrm{FWHM1}}}{T_{\mathrm{FWHM2}}} = \frac{T_{\mathrm{line1}}}{T_{\mathrm{line2}}} \tag{3.36}$$

以下只要证明这两套系统的输出电压最大值$(U_{\mathrm{output1}})_{\max}$和$(U_{\mathrm{output2}})_{\max}$相同即可。

根据本书 3.2.3 节所证明的非均匀传输线的脉冲压缩特性可知，若$U_{\mathrm{output1}}(t+T_{\mathrm{line}})$和$U_{\mathrm{output2}}(t+T_{\mathrm{line}})$的最大值分别出现在$t_{\mathrm{m1}}$和$t_{\mathrm{m2}}$时刻，则有$0<t_{\mathrm{m1}}<\pi/(2\omega_1)$和$0<t_{\mathrm{m2}}<\pi/(2\omega_2)$。对于任意一个时刻$t_2$且$0<t_2<\pi/(2\omega_2)$，必然存在一个时刻$t_1$且$0<t_1<\pi/(2\omega_1)$，使得

$$\omega_1 t_1 = \omega_2 t_2 \tag{3.37}$$

根据式(3.8)可得

$$U_{\mathrm{output1}}(t_1 + T_{\mathrm{line1}}) = \rho_0 \sin\omega_1 t_1 + \sum_{i=1}^{l_1} \rho_0 \rho_i \sin\omega_1 (t_1 - 2i\Delta t_1) \tag{3.38}$$

$$U_{\mathrm{output2}}(t_2 + T_{\mathrm{line}}) = \rho_0 \sin\omega_2 t_2 + \sum_{i=1}^{l_2} \rho_0 \rho_i \sin\omega_2 (t_2 - 2i\Delta t_2) \tag{3.39}$$

利用式(3.1)和式(3.36)可得

$$\omega_1 \Delta t_1 = \omega_1 T_{\mathrm{line1}}/(m+1) = \omega_2 T_{\mathrm{line2}}/(m+1) = \omega_2 \Delta t_2 \tag{3.40}$$

利用式(3.37)和式(3.40)可得

$$\frac{t_1}{\Delta t_1} = \frac{\omega_2 t_2/\omega_1}{\omega_2 \Delta t_2/\omega_1} = \frac{t_2}{\Delta t_2} \tag{3.41}$$

式(3.38)中l_1是不大于$t_1/(2\Delta t_1)$且不大于$m-1$的最大整数，式(3.39)中l_2是不大于$t_2/(2\Delta t_2)$且不大于$m-1$的最大整数，所以根据式(3.41)可得

$$l_1 = l_2 \tag{3.42}$$

将式(3.37)、式(3.40)和式(3.42)代入式(3.38)和式(3.39)可得

$$U_{\mathrm{output1}}(t_1 + T_{\mathrm{line1}}) = U_{\mathrm{output2}}(t_2 + T_{\mathrm{line2}}) \tag{3.43}$$

式(3.43)说明对于任意的t_1满足$0<t_1<\pi/(2\omega_1)$，都存在t_2使得$U_{\mathrm{output1}}(t_1+T_{\mathrm{line1}})=U_{\mathrm{output2}}(t_2+T_{\mathrm{line2}})\leqslant(U_{\mathrm{output2}})_{\max}$，所以$(U_{\mathrm{output1}})_{\max}\leqslant(U_{\mathrm{output2}})_{\max}$。

同理可以证明$(U_{\mathrm{output2}})_{\max}\leqslant(U_{\mathrm{output1}})_{\max}$，因此，$(U_{\mathrm{output1}})_{\max}=(U_{\mathrm{output2}})_{\max}$。这就证明了在这种条件下，$\eta$保持不变。

(3) 设Γ和Ψ保持不变，T_{FWHM}、T_{line}、Z_{output}和Z_{input}都发生了改变。假

设一种中间情形，其 T_{FWHM} 和 T_{line} 与改变前相同，Z_{output} 和 Z_{input} 与改变后相同。显然其 Γ 和 Ψ 与改变前后都相同。根据前两种情形可知，这种中间情形的 η 与改变前后都相同。因此，改变前后的 η 相同。

综合以上三种情形，就证明了在半正弦脉冲输入的情形下，线性线、指数线和高斯线的峰值功率传输效率只与 Γ 和 Ψ 有关，T_{FWHM}、T_{line}、Z_{output} 和 Z_{input} 对峰值功率传输效率的影响并不是孤立的。

3.2.6 平顶下降特性

在输入脉冲为方波脉冲的情况下，非均匀传输线的输出电压波形不再是方波，而是会出现平顶下降现象，如图 3.5 所示，T_{line} 时刻的电压幅值明显低于 $(t_{\mathrm{end}}+T_{\mathrm{line}})$ 时刻，且对于指数线此幅值下降所占比例 $[U_{\mathrm{output}}(T_{\mathrm{line}})-U_{\mathrm{output}}(t_{\mathrm{end}}+T_{\mathrm{line}})]/U_{\mathrm{output}}(T_{\mathrm{line}})$ 仅与两端特性阻抗之比 Ψ 和脉宽与单向传输时间之比 Γ 有关[4]。以下将利用式(3.8)证明，对于线性线、指数线和高斯线，$[U_{\mathrm{output}}(T_{\mathrm{line}})-U_{\mathrm{output}}(t_{\mathrm{end}}+T_{\mathrm{line}})]/U_{\mathrm{output}}(T_{\mathrm{line}})$ 都只与两端特性阻抗之比 Ψ 和脉宽与单向传输时间之比 Γ 有关。

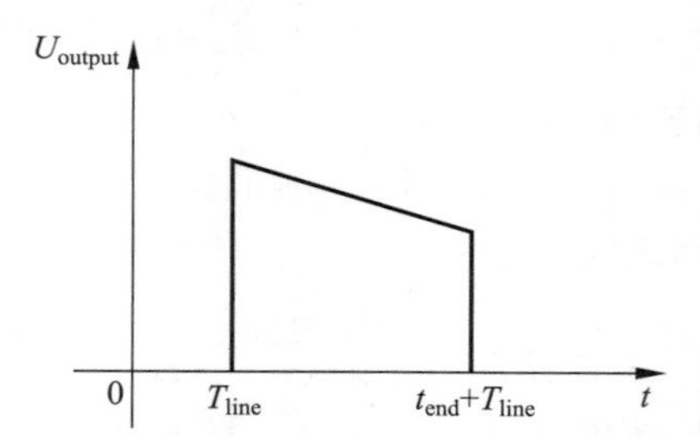

图 3.5 方波脉冲激励时非均匀传输线输出电压的平顶下降特性

将式(3.2)代入式(3.8)，可得 $t=0$ 和 $t=t_{\mathrm{end}}$ 两个时刻的输出电压幅值分别为

$$U_{\mathrm{output}}(0+T_{\mathrm{line}})=\rho_0 f(0)+\sum_{i=1}^{l_0}\rho_0\rho_i f(0-2i\Delta t) \tag{3.44}$$

$$U_{\mathrm{output}}(t_{\mathrm{end}}+T_{\mathrm{line}})=\rho_0 f(t_{\mathrm{end}})+\sum_{i=1}^{l_{\mathrm{end}}}\rho_0\rho_i f(t_{\mathrm{end}}-2i\Delta t) \tag{3.45}$$

其中，l_0 是不大于 $0/(2\Delta t)$ 且不大于 $m-1$ 的最大整数，所以 $l_0=0$；l_{end} 是不大于 $t_{\mathrm{end}}/(2\Delta t)$ 且不大于 $m-1$ 的最大整数。对于方波脉冲，式(3.2)中的 $f(t)$ 为常数，设 $f(t)=U$，因此，式(3.44)和式(3.45)变为

$$U_{\text{output}}(0+T_{\text{line}})=\rho_0 U \tag{3.46}$$

$$U_{\text{output}}(t_{\text{end}}+T_{\text{line}})=\rho_0 U+\sum_{i=1}^{l_{\text{end}}}\rho_0\rho_i U \tag{3.47}$$

设 $h(m)$表示分段数为 $m+1$ 时平顶下降幅值所占比例，则有

$$\begin{aligned}h(m)&=\frac{U_{\text{output}}(0+T_{\text{line}})-U_{\text{output}}(t_{\text{end}}+T_{\text{line}})}{U_{\text{output}}(0+T_{\text{line}})}\\&=\frac{\rho_0 U-\left(\rho_0 U+\sum\limits_{i=0}^{l_{\text{end}}}\rho_0\rho_i U\right)}{\rho_0 U}=-\sum_{i=1}^{l_{\text{end}}}\rho_i\end{aligned} \tag{3.48}$$

在 3.2.1 节中已经指出，对于线性线、指数线和高斯线，$\rho_i\,(i=1,2,3,\cdots,l_{\text{end}})$仅由 Ψ 决定。

此外，l_{end} 是不大于 $t_{\text{end}}/(2\Delta t)$ 且不大于 $m-1$ 的最大整数。利用式(3.14)可得

$$\frac{t_{\text{end}}}{2\Delta t}=\frac{(m+1)t_{\text{end}}}{2T_{\text{line}}}=\frac{(m+1)\Gamma}{2} \tag{3.49}$$

需要注意的是

$$\lim_{m\to+\infty}\frac{t_{\text{end}}/(2\Delta t)}{m-1}=\lim_{m\to+\infty}\frac{(m+1)\Gamma}{2(m-1)}=\frac{\Gamma}{2} \tag{3.50}$$

因此，当 $\Gamma\leqslant 2$ 时，即输入脉冲的脉宽不超过传输线的单向传输时间的两倍时，式(3.48)中 l_{end}是不大于 $t_{\text{end}}/(2\Delta t)$的最大整数，即不大于$(m+1)\Gamma/2$的最大整数；当 $\Gamma>2$ 时，即输入脉冲的脉宽超过传输线的单向传输时间的两倍时，式(3.48)中 l_{end}是不大于 $m-1$ 的最大整数。但无论哪一种情形，根据式(3.48)都可以看出，$\lim\limits_{m\to+\infty}h(m)$ 的值都只与 Ψ 和 Γ 有关。至此便证明了本节开始提出的结论。

下面进一步分析 $\lim\limits_{m\to+\infty}h(m)$ 随 Ψ 和 Γ 的变化趋势。

(1) 首先分析 $\lim\limits_{m\to+\infty}h(m)$ 随 Γ 的变化趋势。式(3.48)中只有 l_{end}与 Γ 有关。当 $\Gamma\leqslant 2$ 时，l_{end} 随 Γ 单调增大。根据式(3.10)和式(3.11)可知，$\rho_i<0\,(i=1,2,3,\cdots,l_{\text{end}})$，因此，$\lim\limits_{m\to+\infty}h(m)$ 随 Γ 单调增大。当 $\Gamma>2$ 时，l_{end} 与 Γ 无关。因此，$\lim\limits_{m\to+\infty}h(m)$ 与 Γ 无关。综上，当输入脉冲的脉宽不超过传输线单向传输时间的两倍时，$\lim\limits_{m\to+\infty}h(m)$ 随 Γ 单调增大；当输入脉冲的脉宽超过传输线单向传输时间的两倍时，$\lim\limits_{m\to+\infty}h(m)$ 与 Γ 无关。

(2) 下面再分析 $\lim\limits_{m\to+\infty}h(m)$ 随 Ψ 的变化趋势。为此，需要将式(3.10)

和式(3.11)代入式(3.48)。对于线性线和高斯线，难以根据其方程对式(3.10)和式(3.11)进行化简和进一步分析。因此，此处仅以指数线为例进行分析。

对于指数线，有

$$Z_j = Z_0 (Z_m/Z_0)^{j/m} = Z_0 \Psi^{j/m} \tag{3.51}$$

为了叙述方便，记 $a = (Z_m/Z_0)^{1/m} = \Psi^{1/m}$，则有

$$Z_j = Z_0 a^j \tag{3.52}$$

将式(3.52)代入式(3.10)和式(3.11)，可得

$$\begin{aligned}\rho_1 &= \sum_{j=1}^{m-1}\left(\frac{Z_0 a^{j+1} - Z_0 a^j}{Z_0 a^{j+1} + Z_0 a^j}\frac{Z_0 a^{j-1} - Z_0 a^j}{Z_0 a^{j-1} + Z_0 a^j}\right) = \sum_{j=1}^{m-1}\left(\frac{a-1}{a+1}\frac{1/a-1}{1/a+1}\right)\\ &= -\sum_{j=1}^{m-1}\left(\frac{a-1}{a+1}\right)^2 = -(m-1)\left(\frac{a-1}{a+1}\right)^2\end{aligned} \tag{3.53}$$

$$\begin{aligned}\rho_i &= \sum_{j=1}^{m-i}\left[\frac{Z_0 a^{j+i} - Z_0 a^{j+i-1}}{Z_0 a^{j+i} + Z_0 a^{j+i-1}}\frac{Z_0 a^{j-1} - Z_0 a^j}{Z_0 a^{j-1} + Z_0 a^j}\prod_{k=j}^{j+i-2}\frac{4 Z_0 a^k Z_0 a^{k+1}}{(Z_0 a^k + Z_0 a^{k+1})^2}\right]\\ &= \sum_{j=1}^{m-i}\left[\frac{a-1}{a+1}\frac{1/a-1}{1/a+1}\prod_{k=j}^{j+i-2}\frac{4a}{(a+1)^2}\right] = -\sum_{j=1}^{m-i}\left\{\left(\frac{a-1}{a+1}\right)^2\left[\frac{4a}{(a+1)^2}\right]^{i-1}\right\}\\ &= -\frac{(m-i)(4a)^{i-1}(a-1)^2}{(a+1)^{2i}},\quad i = 2,3,4,\cdots,l\end{aligned} \tag{3.54}$$

事实上，很容易发现，当 $i=1$ 时，式(3.54)也成立。因此有

$$\rho_i = -\frac{(m-i)(4a)^{i-1}(a-1)^2}{(a+1)^{2i}},\quad i = 1,2,3,\cdots,l \tag{3.55}$$

将式(3.55)代入式(3.48)，可得

$$\begin{aligned}h(m) &= -\sum_{i=1}^{l_{\text{end}}}\left[-\frac{(m-i)(4a)^{i-1}(a-1)^2}{(a+1)^{2i}}\right]\\ &= \frac{(a-1)^2}{4a}\sum_{i=1}^{l_{\text{end}}}\left[\frac{(m-i)(4a)^i}{(a+1)^{2i}}\right]\end{aligned} \tag{3.56}$$

将 $a=\Psi^{1/m}$ 代入式(3.56)，则当分段数无限大时，得到

$$\lim_{m\to+\infty} h(m) = \lim_{m\to+\infty}\frac{(\Psi^{1/m}-1)^2}{4\Psi^{1/m}}\sum_{i=1}^{l_{\text{end}}}\left[\frac{(m-i)(4\Psi^{1/m})^i}{(\Psi^{1/m}+1)^{2i}}\right] \tag{3.57}$$

在式(3.57)中，用 $1/\Psi$ 代替 Ψ，可得

$$\begin{aligned}\lim_{m\to+\infty} h(m) &= \lim_{m\to+\infty}\frac{[(1/\Psi)^{1/m}-1]^2}{4(1/\Psi)^{1/m}}\sum_{i=1}^{l_{\text{end}}}\left\{\frac{(m-i)[4(1/\Psi)^{1/m}]^i}{[(1/\Psi)^{1/m}+1]^{2i}}\right\}\\ &= \lim_{m\to+\infty}\frac{(\Psi^{1/m}-1)^2}{4\Psi^{1/m}}\sum_{i=1}^{l_{\text{end}}}\left[\frac{(m-i)(4\Psi^{1/m})^i}{(\Psi^{1/m}+1)^{2i}}\right]\end{aligned} \tag{3.58}$$

式(3.58)与式(3.55)形式相同，说明将指数线反向不会影响 $\lim\limits_{m\to+\infty} h(m)$ 的大小。

式(3.57)可以改写为

$$\begin{aligned}\lim_{m\to+\infty} h(m) &= \sum_{i=1}^{l_{\text{end}}} \lim_{m\to+\infty}\left[\frac{(\Psi^{1/m}-1)^2}{4\Psi^{1/m}} \frac{(m-i)\,(4\Psi^{1/m})^i}{(\Psi^{1/m}+1)^{2i}}\right] \\ &= \sum_{i=1}^{l_{\text{end}}} \lim_{m\to+\infty} \frac{(m-i)\,(4\Psi^{1/m})^{i-1}\,(\Psi^{1/m}-1)^2}{(\Psi^{1/m}+1)^{2i}}\end{aligned} \tag{3.59}$$

我们已经知道 l_{end} 与 Ψ 无关。因此，只要分析式(3.59)中求和的每一项随 Ψ 的变化趋势，即可得出 $\lim\limits_{m\to+\infty} h(m)$ 随 Ψ 的变化趋势。

$$\begin{aligned}&\frac{\mathrm{d}\lim\limits_{m\to+\infty}\dfrac{(m-i)\,(4\Psi^{1/m})^{i-1}\,(\Psi^{1/m}-1)^2}{(\Psi^{1/m}+1)^{2i}}}{\mathrm{d}\Psi} \\ &= \lim_{m\to+\infty}\left[(m-i)\,\frac{\mathrm{d}\dfrac{(4\Psi^{1/m})^{i-1}\,(\Psi^{1/m}-1)^2}{(\Psi^{1/m}+1)^{2i}}}{\mathrm{d}\Psi^{1/m}}\,\frac{\mathrm{d}\Psi^{1/m}}{\mathrm{d}\Psi}\right] \\ &= \lim_{m\to+\infty}\left\{(m-i)4^{i-1}\,\frac{\Psi^{(i-2)/m}(\Psi^{1/m}-1)\left[(\Psi^{1/m}+1)^2-i\,(\Psi^{1/m}-1)^2\right]}{(\Psi^{1/m}+1)^{2i+1}}\,\frac{1}{m}\Psi^{\frac{1}{m}-1}\right\} \\ &= \lim_{m\to+\infty}\left\{4^{i-1}\,\frac{m-i}{m}\,\frac{\Psi^{(i-1-m)/m}(\Psi^{1/m}-1)\left[(\Psi^{1/m}+1)^2-i\,(\Psi^{1/m}-1)^2\right]}{(\Psi^{1/m}+1)^{2i+1}}\right\}\end{aligned} \tag{3.60}$$

容易发现，式(3.60)中有

$$4^{i-1}\,\frac{m-i}{m}\,\frac{\Psi^{(i-1)/m-1}}{(\Psi^{1/m}+1)^{2i+1}} > 0 \tag{3.61}$$

$$\lim_{m\to+\infty}\left[(\Psi^{1/m}+1)^2-i\,(\Psi^{1/m}-1)^2\right]=4>0 \tag{3.62}$$

(a) 当输出端特性阻抗大于输入端特性阻抗时，即 $\Psi>1$ 时有

$$\Psi^{1/m}-1>0 \tag{3.63}$$

因此，式(3.60)中有

$$\frac{\mathrm{d}\lim\limits_{m\to+\infty}\dfrac{(m-i)\,(4\Psi^{1/m})^{i-1}\,(\Psi^{1/m}-1)^2}{(\Psi^{1/m}+1)^{2i}}}{\mathrm{d}\Psi} \geqslant 0 \tag{3.64}$$

其中，$\lim\limits_{m\to+\infty} h(m)$ 随 Ψ 增大而单调增大。

(b) 当输出端特性阻抗小于输入端特性阻抗时，即 $0<\Psi<1$ 时有

$$\Psi^{1/m}-1<0 \tag{3.65}$$

因此,式(3.60)中有

$$\frac{\mathrm{d}\lim\limits_{m\to+\infty}\dfrac{(m-i)\,(4\Psi^{1/m})^{i-1}\,(\Psi^{1/m}-1)^2}{(\Psi^{1/m}+1)^{2i}}}{\mathrm{d}\Psi}\leqslant 0 \tag{3.66}$$

其中,$\lim\limits_{m\to+\infty} h(m)$ 随 Ψ 增大而单调减小。

综合(a)、(b)可知,当输出端特性阻抗大于输入端特性阻抗时,$\lim\limits_{m\to+\infty} h(m)$ 随 Ψ 增大而单调增大;当输出端特性阻抗小于输入端特性阻抗时,$\lim\limits_{m\to+\infty} h(m)$ 随 Ψ 增大而单调减小。

表 3.2 中给出了一些指数线的平顶下降幅值所占比例的计算结果。从第 1~6 组数据可以看出,当 $\Gamma\leqslant 2$ 时,$\lim\limits_{m\to+\infty} h(m)$ 随 Γ 单调增大;当 $\Gamma>2$ 时,$\lim\limits_{m\to+\infty} h(m)$ 与 Γ 无关。从第 1、7~13 组数据可以看出,当 $\Psi>1$ 时,$\lim\limits_{m\to+\infty} h(m)$ 随 Ψ 增大单调增大;当 $\Psi\leqslant 1$ 时,$\lim\limits_{m\to+\infty} h(m)$ 随 Ψ 增大单调减小。这些都与本节所得结论相同。

表 3.2 不同 Γ 和 Ψ 的指数线平顶下降幅值所占比例

组号	$T_{\mathrm{FWHM}}/\mathrm{ns}$	$T_{\mathrm{line}}/\mathrm{ns}$	Γ	$Z_{\mathrm{output}}/\Omega$	$Z_{\mathrm{input}}/\Omega$	Ψ	$\lim\limits_{m\to+\infty} h(m)$
1	150	1009	0.1487	2.16	0.203	10.6404	0.099 56
2	300	1009	0.2973	2.16	0.203	10.6404	0.191 46
3	600	1009	0.5946	2.16	0.203	10.6404	0.353 25
4	1009	1009	1	2.16	0.203	10.6404	0.5237
5	2018	1009	2	2.16	0.203	10.6404	0.6975
6	3027	1009	3	2.16	0.203	10.6404	0.6975
7	150	1009	0.1487	2.16	0.406	5.3202	0.049 748
8	150	1009	0.1487	2.16	0.812	2.6601	0.017 044
9	150	1009	0.1487	2.16	1.624	1.3300	0.001 448 5
10	150	1009	0.1487	2.16	2.16	1	0
11	150	1009	0.1487	2.16	3	0.7200	0.001 921 6
12	150	1009	0.1487	2.16	4	0.5400	0.006 760 7
13	150	1009	0.1487	2.16	5	0.4320	0.012 544

3.3　图形用户界面

我们用 MATLAB 软件编写了程序并制作了用户界面，以利用式(3.8)计算方波脉冲或半正弦脉冲输入情况下的非均匀传输线的输出电压波形，如图 3.6 所示。

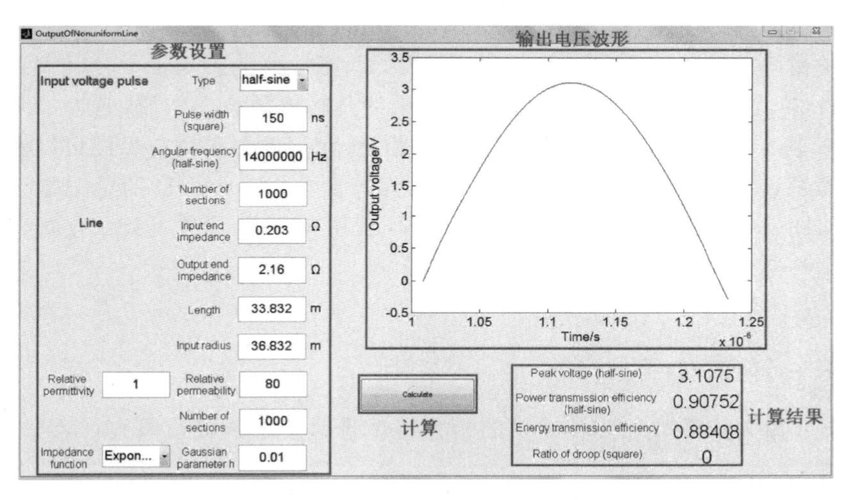

图 3.6　利用式(3.8)计算方波脉冲或半正弦脉冲输入情况下非均匀传输线输出电压波形的 MATLAB 图形用户界面

与 PSpice、TLCODE 或 LTSpice 等电路仿真软件相比，此图形用户界面有两大优势。

(1) 在此用户界面中，可以更方便地对各项参数进行修改。图 3.6 中可修改的参数从上到下依次为：输入脉冲波形(可选择方波脉冲或半正弦脉冲)、方波脉冲的脉宽(选择输入脉冲波形为方波脉冲时有效)、输入的半正弦脉冲的角频率(选择输入脉冲波形为半正弦脉冲时有效)、对输入脉冲在时间上的分段数、非均匀传输线输入端的特性阻抗、非均匀传输线输出端的特性阻抗、非均匀传输线的几何长度、径向非均匀传输线的输入端所在位置的半径、非均匀传输线的介质的相对磁导率、非均匀传输线的介质的相对介电常数、非均匀传输线的分段数、非均匀传输线的线型(可选择指数线、线性线、高斯线和双曲线)、高斯线参数(选择线型为高斯线时有效)。参数设置完毕后，单击“Calculate”，就可以得到输出电压的波形和计算结果。其中，计算结果从上到下依次是输入的半正弦脉冲幅值为1时输出电压的峰值(选择输入脉冲波形为半正弦脉冲时有效,选择输入脉冲波形为方波脉冲时即为首达波幅值)、非均匀传输线的峰值功率传输效率(选择输入脉冲波形为半正弦脉冲时有效,选择输入脉冲波形为方波脉冲时为1)、非均匀传输线的能量传输效率、平顶下降幅值所占比例(选择输入脉冲波形为方波脉冲时有效)。在电路仿真软件中,修改参数要麻烦得多。例如,如果要修改非均匀传输线的线型,就要计算并且修改所分的每一小段的特性阻抗,为了得到较精确的计算结果,分段数通常可达几百,修改时的工作量十分巨大。

(2) 由于式(3.8)抓住了非均匀传输线传输电压波的本质,省去了多余的不必要的计算,所以与电路仿真软件相比,利用此图形用户界面可以极大地缩短进行计算所需的时间。例如,使用一台主频2.4GHz的笔记本计算机对图3.6所示的参数设置进行计算,利用此界面只需不到1s,而利用PSpice软件则需要约10min。

3.4　本章小结

本章对一般非均匀传输线的传输特性进行了解析分析研究,得到以下的主要结论。

(1) 对于特性阻抗沿线连续且单调变化的非均匀传输线,基于多段均匀传输线串联的模型,利用数学分析方法可以推导出其输出电压的解析表达式。

(2) 根据非均匀传输线输出电压的解析表达式,可以对非均匀传输线进行进一步的解析分析,研究影响其输出电压波形的因素,证明其首达波特性、脉冲压缩特性、高通特性、峰值特性和输入脉冲为方波脉冲情况下输出电压波形的平顶下降特性。

(3) 根据非均匀传输线输出电压波形的解析表达式,可以利用MATLAB软件编写程序并制作图形用户界面来计算非均匀传输线的输出电压波形。与PSpice和TLCODE等电路仿真软件相比,利用此界面进行计算,可以更方便地修改参数,且大大缩短计算所需时间。

第4章　非均匀传输线传输特性的三维电磁场仿真研究

在第2章的电路仿真研究和第3章的解析分析研究中，没有考虑非均匀传输线的三维几何结构，而是假设电磁波在非均匀传输线中以TEM模传播，只研究沿线特性阻抗变化规律对非均匀传输线传输特性的影响。本章利用CST微波工作室软件建立了同轴和整体径向非均匀传输线两种三维电磁场仿真模型，并对其进行了三维电磁场仿真，以研究非均匀传输线的三维几何结构对其传输特性的影响。

4.1　同轴非均匀传输线的三维电磁场仿真研究

4.1.1　模型建立

根据第2章所得结论，指数线是η最高的非均匀传输线线型。因此，本节对指数线的同轴非均匀传输线进行三维电磁场仿真研究，以研究其三维几何结构对传输特性的影响。

CST微波工作室中所建立的模型如图4.1所示。参数设置与文献[73]相同，输入端的特性阻抗为$Z_{\text{input}}=0.203\Omega$，输出端的特性阻抗为$Z_{\text{output}}=2.16\Omega$，介质采用去离子水，相对介电常数$\varepsilon_r=80$，相对磁导率$\mu_r=1$，所以电磁波在传输线中的传播速度为

$$v=\frac{c}{\sqrt{\varepsilon_r\mu_r}}=\frac{3\times10^8}{\sqrt{80\times1}}\text{m/s}=3.354\times10^7\text{m/s} \tag{4.1}$$

其中，c为真空中的光速。

传输线的输入端到输出端的几何长度为$L=33.832\text{m}$。由此可得传输线的单向传输时间为

$$T_{\text{line}}=\frac{L}{v}=\frac{33.832}{3.354\times10^7}\text{ns}=1009\text{ns} \tag{4.2}$$

以非均匀传输线的中点为坐标原点，以传输方向为x轴正方向，用$Z(x)$表示其在坐标为x处的特性阻抗，则根据式(1.18)可得

$$Z(x) = Z_{\text{input}}(Z_{\text{output}}/Z_{\text{input}})^{x/L+1/2} \tag{4.3}$$

在图 4.1 所示模型中，设同轴结构的外导体内外半径沿线保持不变，始终为外导体内半径 $D=100\text{mm}$，外导体外半径 $D'=110\text{mm}$，而内导体半径 $d(x)$ 沿线改变。根据式(1.4)可以得到，不同坐标 x 处的同轴型非均匀传输线的特性阻抗为

$$Z(x) = \frac{1}{2\pi}\sqrt{\frac{\mu_0\mu_r}{\varepsilon_0\varepsilon_r}}\ln\frac{D}{d(x)} \tag{4.4}$$

由此得到

$$d(x) = D\exp\left(-2\pi Z(x)\sqrt{\frac{\varepsilon_0\varepsilon_r}{\mu_0\mu_r}}\right) \tag{4.5}$$

将式(4.3)代入式(4.5)，可以得到

$$d(x) = D\exp\left(-2\pi Z_{\text{input}}\sqrt{\frac{\varepsilon_0\varepsilon_r}{\mu_0\mu_r}}\left(\frac{Z_{\text{output}}}{Z_{\text{input}}}\right)^{\frac{x}{L}+\frac{1}{2}}\right) \tag{4.6}$$

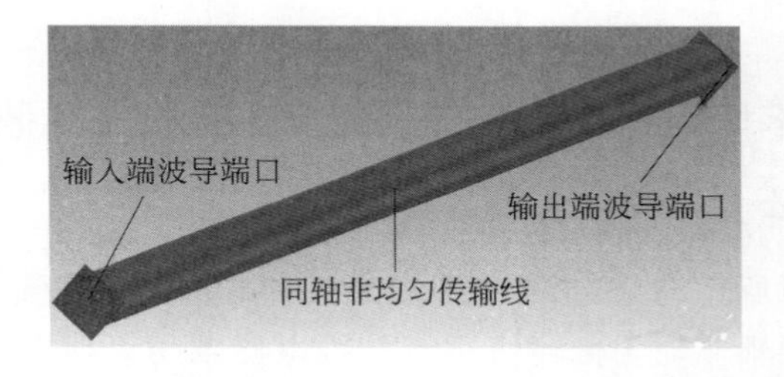

图 4.1　CST 微波工作室中建立的指数线型同轴非均匀传输线的三维电磁场仿真模型

在 CST 微波工作室软件中，为了对同轴非均匀传输线的输入端与输出端的端口模式进行计算，必须在其输入端和输出端处各添加一个波导端口。波导端口相当于一根半无限长的均匀传输线，其径向尺寸和与其连接的传输线在此处的径向尺寸相同，因而电磁波在此处传播时不会发生折反射。考虑到实际高功率脉冲装置中同轴非均匀传输线前一般接有同轴脉冲形成线，根据 1.2 节可知，只要同轴脉冲形成线足够长或者径向尺寸足够小，电磁波中的非 TEM 模就无法传播到非均匀传输线，因此，仿真中可以设置输入波为 TEM 模。由于沿线径向尺寸在不断地变化，TEM 模在传播过程中会产生非 TEM 模，本节要考察的就是同轴非均匀传输线末端可以得到的 TEM 模和非 TEM 模的电压波形，从而计算同轴非均匀传输线的 η。

三维电磁场仿真研究中采用的输入脉冲波形为拍瓦级脉冲驱动源中常用的半正弦脉冲电压波，角频率为 $\omega=14\text{Mrad/s}$，对应的 $T_{\text{FWHM}}=150\text{ns}$。

与第 2 章中相同，由于所建模型为线性系统，不涉及间隙的击穿、气体的电离等非线性过程，所以输出电压幅值与输入电压幅值成正比。因此，为了简便，仍然设输入脉冲的幅值为$(U_{input})_{max}=1V$，其波形如图 4.2 所示。

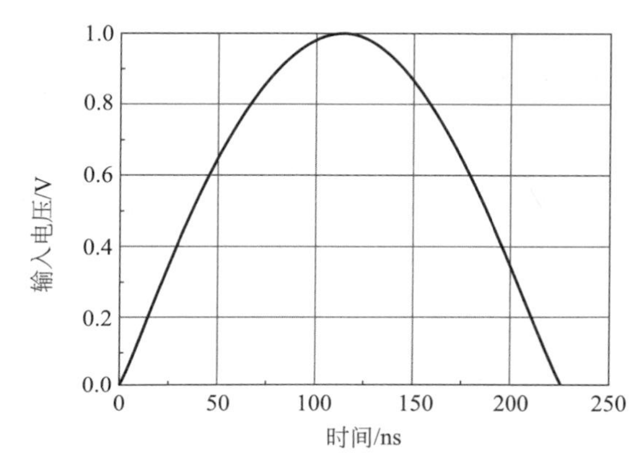

图 4.2 三维电磁场仿真研究中采用的输入电压波形：半正弦脉冲($\omega=14$Mrad/s，对应 $T_{FWHM}=150$ns)

4.1.2 结果与讨论

4.1.2.1 同轴端口的模式计算

由于两端都是同轴端口，根据传输线理论，端口可能存在的模式是相同的[1]。由于可能存在的模式太多，无法一一列出进行讨论，因此，本书只列出三维电磁场仿真得到的端口前三个模式的电力线和磁力线。如图 4.3 所示，(a)是第一个模式的电力线，(b)是第一个模式的磁力线；(c)是第二个模式的电力线，(d)是第二个模式的磁力线；(e)是第三个模式的电力线，(f)是第三个模式的磁力线。图 4.3 中箭头的方向即为电力线或磁力线的方向，箭头红色越深表示该处电场或磁场强度越强。

从图 4.3 中的电力线和磁力线可以看出，第一个模式的电场和磁场都没有轴向分量，因此为 TEM 模。后两个模式的电场没有轴向分量，但是磁场有轴向分量，因此为 TE 模。其中第二个模式的磁场轴向分量沿圆周变化的周期数为 1，沿半径方向的极值数为 1，因此为 TE_{11}模；第三个模式的磁场轴向分量沿圆周变化的周期数为 2，沿半径方向的极值数为 1，因此为 TE_{21}模。前三个模式的顺序及其力线图与同轴传输线理论是一致的[1]。

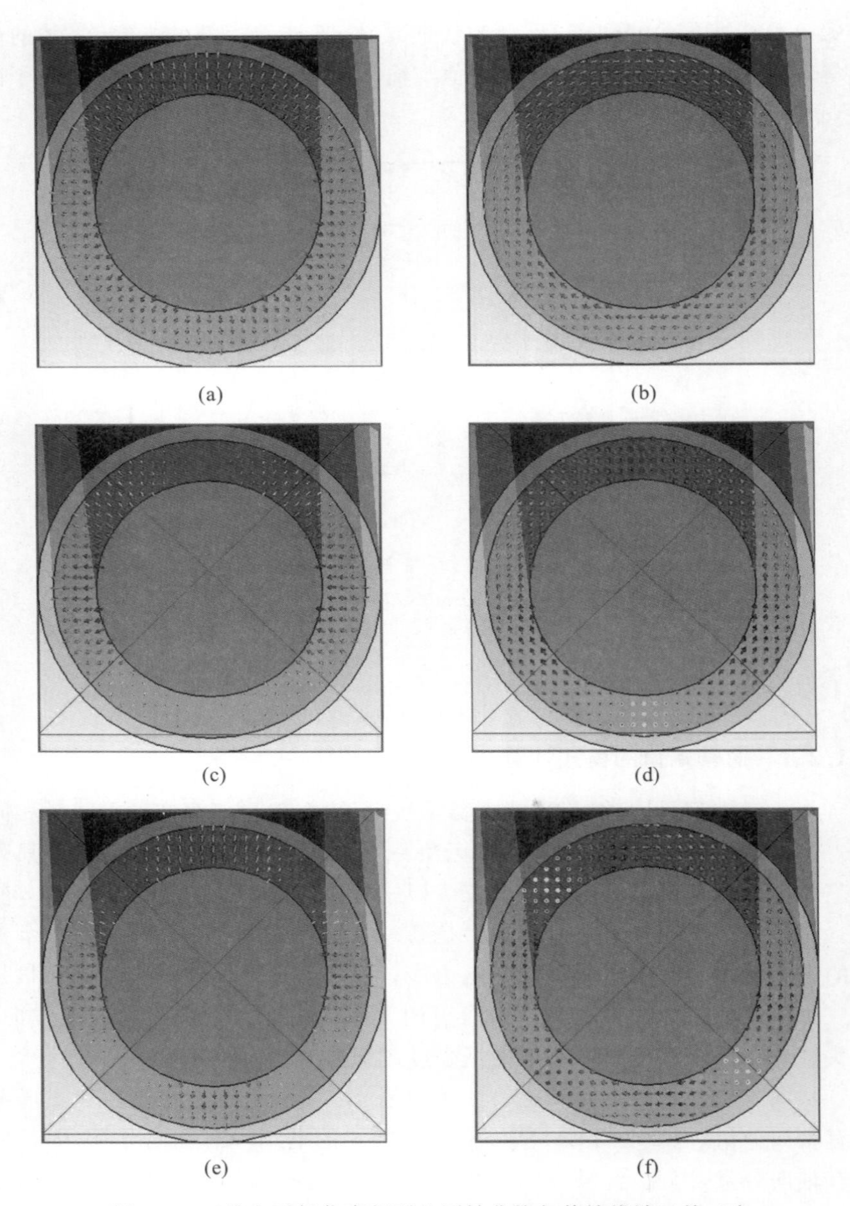

图 4.3　三维电磁场仿真得到的同轴非均匀传输线端口前三个模式的电力线和磁力线(见文前彩图)

(a) 第一个模式的电力线；(b) 第一个模式的磁力线；(c) 第二个模式的电力线；(d) 第二个模式的磁力线；(e) 第三个模式的电力线；(f) 第三个模式的磁力线

图 4.4(a)、(b)和(c)依次是输出端口处 TEM 模、TE_{11} 模和 TE_{21} 模的输出电压波形。从中可以看出，TEM 模的输出电压波形基本保持了半正弦

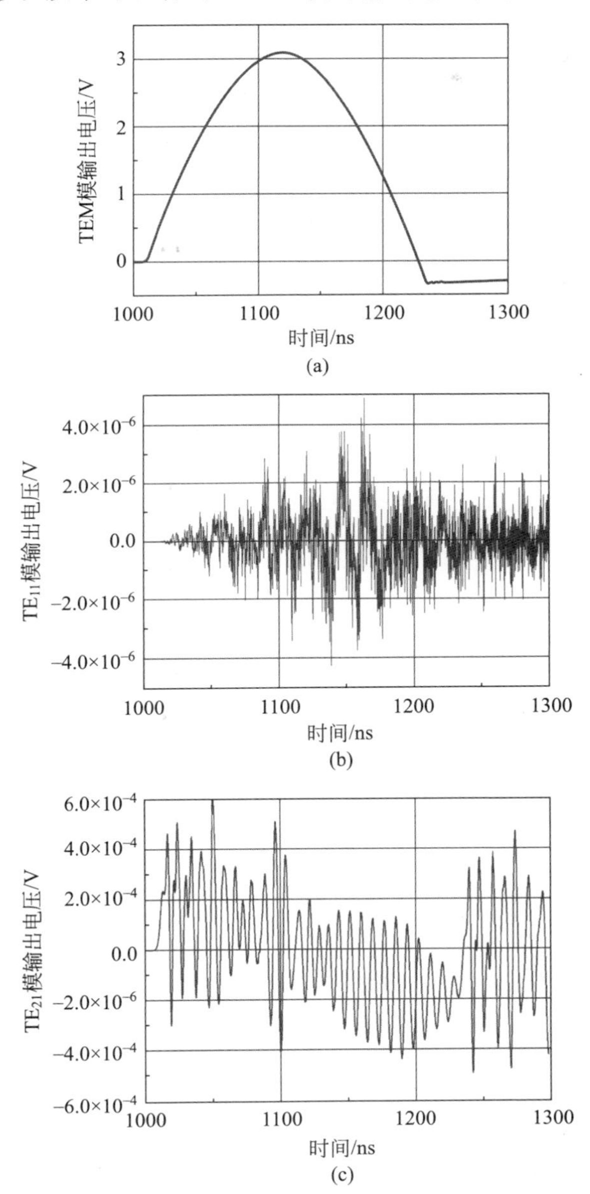

图 4.4　三维电磁场仿真得到的同轴非均匀传输线 TEM 模、TE_{11} 模、TE_{21} 模输出电压

(a) TEM 模的输出电压；(b) TE_{11} 模的输出电压；(c) TE_{21} 模的输出电压

的特征，且有较大的幅值，说明 TEM 模在该传输线中正常传播。TE_{11} 模和 TE_{21} 模的输出电压幅值很小，如此小的幅值甚至可能是由数值计算的误差引起的，与 TEM 模相比完全可以忽略，说明这两种模式在该传输线中截止。TEM 模在同轴非均匀传输线中传播时，由于传输线的横截面尺寸沿线变化，可能会产生一定量的非 TEM 模。根据同轴传输线理论，TE_{11} 模和 TE_{21} 模是同轴型传输线中截止频率最低、衰减最缓慢的两种非 TEM 模[1]，因此，TE_{11} 模和 TE_{21} 模的幅值应该不明显小于其他非 TEM 模。据此可以推断，同轴线中其他非 TEM 模的输出幅值也很小，因此可以不予考虑。

4.1.2.2 η 与线长和网格数的关系

在保证指数线型同轴非均匀传输线两端横截面几何尺寸不变的情况下，改变非均匀传输线的长度，得到不同长度下三维电磁场仿真得到的 TEM 模 η，并将其与用第 3 章中解析分析方法对相同参数进行计算得到的 η 进行比较。不同长度非均匀传输线的三维电磁场仿真与解析分析得到的 η 的比值与三维电磁场仿真划分网格数之间的关系如图 4.5 所示，从中可以得出如下两条结论。

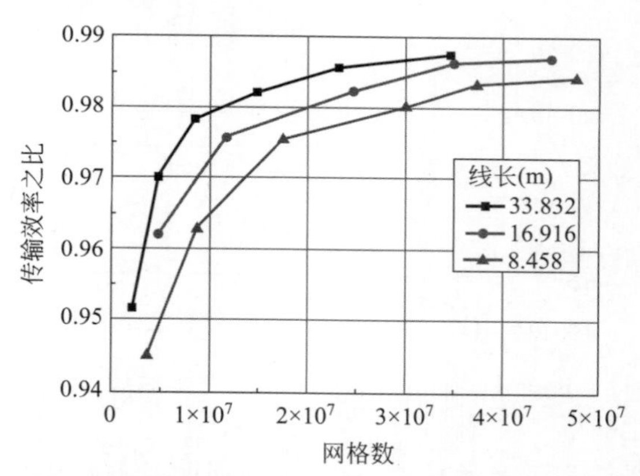

图 4.5 不同长度指数线型同轴非均匀传输线的三维电磁场仿真所得 TEM 模 η 与解析分析所得 η 的比值和三维电磁场仿真中划分网格数的关系

(1) 随着网格数的不断增加，三维电磁场仿真得到的 TEM 模 η 越来越接近解析分析得到的 η。当仿真结果不再随网格数的增加而有明显变化时，即可认为所分网格数已足够多，在 4.2 节中同样采用该方法判断网格划分是否已足够多。三维电磁场仿真得到的 TEM 模 η 与电路仿真得到的 η 之比非常接近 1，这说明在本节的模型和参数设置下，电磁波在非均匀传输线中的传播过程中,有很小的一部分能量转化成了非 TEM 模,这造成了电磁场仿真结果略低于电路仿真结果。但是,由于这部分能量很小,所以在本节的模型和参数设置下,解析分析和电路仿真中认为波以 TEM 模传播的假设是成立的,完全可以用解析分析或电路仿真代替三维电磁场仿真的结果。

(2) 随着非均匀传输线长度的缩短,三维电磁场仿真得到的 TEM 模的 η 与解析分析所得的 η 相差越来越大。这说明长度越短,就有越多的 TEM 模能量转化成非 TEM 模,其原因是在两端尺寸固定的情况下,长度越短,非均匀传输线沿线尺寸变化越快,从而会引起更明显的传播模式的变化。据此也可以推断,如果同轴非均匀传输线的长度缩短到一定程度,电磁场仿真结果会与解析分析或电路仿真结果差距明显,从而就不能用解析分析或电路仿真代替电磁场仿真。

4.2 整体径向非均匀传输线的三维电磁场仿真研究

4.2.1 模型建立

利用 CST 微波工作室,对文献[73]中的整体径向传输线进行了三维电磁场数值模拟。假设每层径向传输线输入端(即外圆周)并联 n 台脉冲驱动源,则可将整体径向传输线看成由 n 个完全相同的扇形径向传输线并联而成,如图 4.6 所示,图中 $n=20$,并对每个并联支路进行了编号。每个扇形径向传输线对应的圆心角为 $2\pi/n$,由一台脉冲驱动源供电。显然,当 n 足够大时,该扇形径向传输线的输入端特性阻抗和输出端特性阻抗分别为 nZ_{input} 和 nZ_{output}。

为了和电路模拟的结果进行比较,当进行电磁场模拟时,我们也假设在整体径向传输线的首端和末端都满足阻抗匹配,即在每个扇形径向传输线输入端(即外圆周端)和为它供电的脉冲驱动源之间串联一根足够长的均匀传输线,该均匀传输线的特性阻抗为 nZ_{input};在每个扇形径向传输线输出端(即内圆孔端)并联一个电阻负载 R_{load},并且 $R_{\text{load}}=nZ_{\text{output}}$。

脉冲驱动源入射到均匀传输线上的电压波形为 $U_{\text{input}}(t)$,其数学表达式见式(3.13)。$U_{\text{input}}(t)$ 为半正弦波,其角频率为 14Mrad/s,对应的脉宽(FWHM)是 150ns。为了便于电磁场数值模拟,利用彼德逊法则(Peterson's Rule)[97],将扇形径向传输线输入端的均匀传输线等效为一个电阻，其阻值等于该均匀传输线的沿线特性阻抗（即 nZ_{input}），同时将入射波等效为一个电压源，其电压幅值为 $2U_{\text{input}}(t)$，如图 4.6 所示，图中只画出了一路的输入端和输出端电路连接。

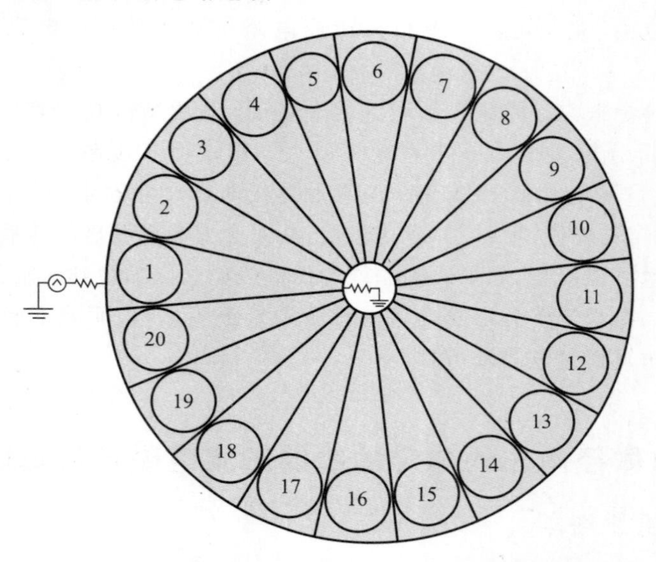

图 4.6 整体径向传输线等效为 n 个并联的扇形径向传输线

由于 CST 微波工作室每次只能仿真一个电压源激励下的电磁场，而本书计算模型中包含 n 个并联的扇形支路，每个支路一台电压源，总共 n 台电压源，因此，本书利用叠加原理进行仿真。首先仿真一台电压源单独激励得到的负载电压，例如，选择编号为 1 的支路的电压源单独激励，同时将其他支路电压源短路，这样进行一次仿真，就可以得到这台电压源单独激励情形下的全部 n 个扇形支路电阻负载 $R_{\text{load}i}(i=1,2,3,\cdots,n)$ 上的电压 $(U_{\text{output}})_i$。利用旋转对称性容易发现，n 台电压源同时激励时，每个扇形支路电阻负载 $R_{\text{load}i}(i=1,2,3,\cdots,n)$ 上的电压都是 $U_{\text{output}}=\sum_{i=1}^{n}(U_{\text{output}})_i$。

4.2.2 结果与讨论

对于拍瓦级脉冲驱动源而言，主要关注整体径向传输线的峰值功率传输效率 η 和能量传输效率 η_E，它们的定义见 2.2 节。

为了比较电磁场仿真和电路仿真所得到的 η 和 η_E，表 4.1 给出了电路仿真结果。

表 4.1　电路仿真得到的 η 和 η_E

线型	指数线	高斯线(h=0.05)	高斯线(h=0.1)	线性线	双曲线
η	0.907 52	0.902 98	0.871 50	0.868 63	0.858 22
η_E	0.884 08	0.878 02	0.838 86	0.839 24	0.827 36

注：$Z_{\text{input}}=0.203\Omega$，$Z_{\text{output}}=2.16\Omega$，$r_{\text{input}}=36.83\text{m}$，$r_{\text{output}}=3\text{m}$。

电磁场仿真计算结果表明，许多因素都会影响整体径向传输线的 η 和 η_E，这些影响因素包括：脉冲驱动源并联数、线型、沿线特性阻抗值和极板形状。下面将依次分析这四个因素带来的影响。

4.2.2.1　脉冲驱动源并联数对其所驱动的整体径向传输线 η 的影响

图 4.7 是不同脉冲驱动源并联数下指数线的计算结果，其他线型的计算结果与指数线类似，见图 4.8。

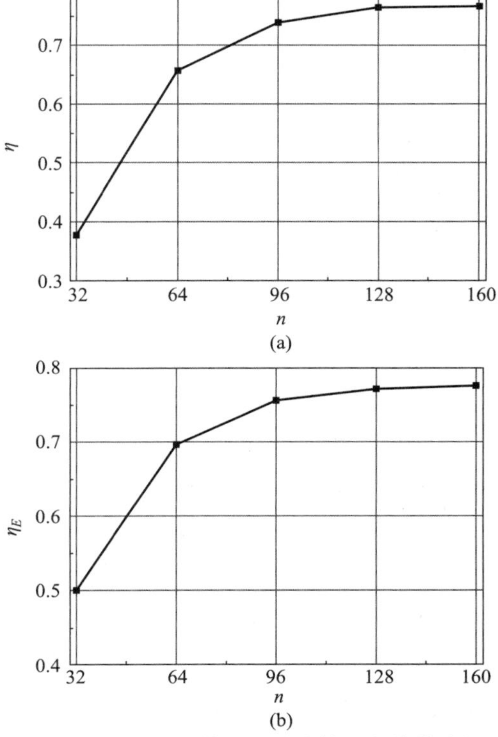

图 4.7　脉冲驱动源并联数 n 对其所驱动整体径向传输线的 η 和 η_E 的影响

(a) 对 η 的影响；(b) 对 η_E 的影响

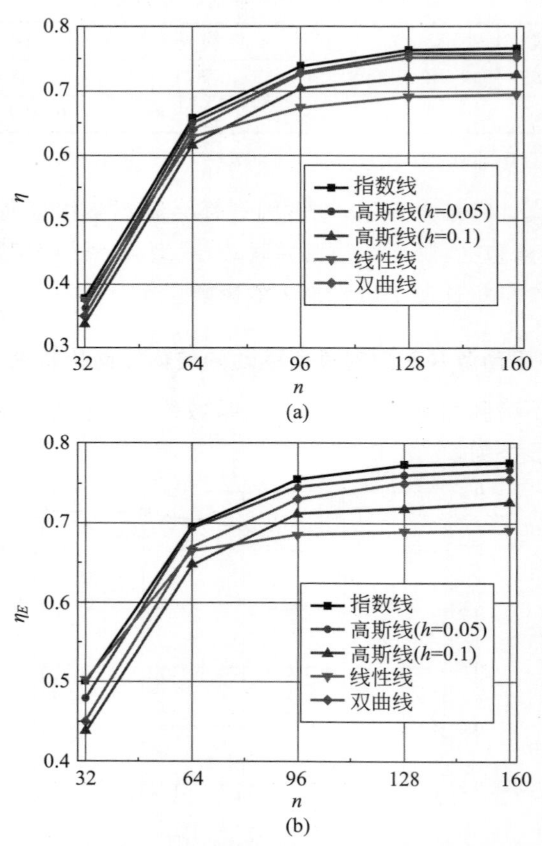

图 4.8　整体径向传输线线型对 η 和 η_E 的影响

(a) 对 η 的影响；(b) 对 η_E 的影响

从图 4.7 中可以看出，η 和 η_E 随着脉冲驱动源并联数 n 的增加而增大，但当 n 接近 160 时，η 趋于一个饱和数值约为 0.77，η_E 趋于一个饱和数值约为 0.78。这个现象可以解释如下：当脉冲驱动源并联数 n 较小时，入射电压波进入径向传输线后，其传播方向并不是完全沿着半径方向，这导致两个不利的后果。第一，整体径向传输线的特性阻抗并不能用式(1.11)计算，同时各扇形径向传输线的输入端特性阻抗和输出端特性阻抗并不等于 nZ_{input} 和 nZ_{output}。此时，传输线首端和末端各自的阻抗匹配都是不完善的，导致在径向传输线的两端产生较多的反射损失。第二，在传输线中向前传播的电磁波并没有很好地汇聚到位于内圆孔处的负载上。因此，当脉冲驱动源并

联数 n 较小时，η 和 η_E 也很小。当脉冲驱动源并联数 n 逐渐增大时，入射电压波进入径向传输线后，其传播方向更接近半径方向，上面提到的两个不利后果逐渐减小。因此，当脉冲驱动源并联数 n 逐渐增大时，η 也逐渐增大。值得指出的是，电磁场仿真得到 η 最大仅为 0.77 左右，η_E 最大仅为 0.78 左右，而相同条件下电路模拟得到的 η 约为 0.91，η_E 约为 0.89(见表 4.1)，η 相差高达 14%，η_E 相差高达 11%。这表明电磁波在上述指数线型整体径向传输线中传播时存在相当可观的非 TEM 模分量，此时采用基于准 TEM 模假设的电路模拟方法必然带来较大的误差。

4.2.2.2　整体径向传输线线型对 η 和 η_E 的影响

本书对指数、高斯、线性和双曲线型的整体径向传输线进行了三维电磁场模拟，结果如图 4.8 所示，可得出如下两条结论。

(1) 指数线的 η 和 η_E 高于其他线型。对于高斯线而言，参数 h 越大，η 和 η_E 越小。η 和 η_E 这种随线型的变化趋势和电路仿真结果是相同的，显然，这种变化趋势主要由传输线的沿线特性阻抗变化规律决定，即式(3.8)中的二次反射分量。

(2) 和指数线相似，其他线型 η 和 η_E 的三维电磁场仿真结果也都明显低于电路仿真结果，见表 4.1，这说明电磁波在上述各种线型整体径向传输线中传播时也存在相当可观的非 TEM 模分量。造成该现象的原因与指数线类似，此处不再赘述。

4.2.2.3　整体径向传输线沿线特性阻抗值对 η 和 η_E 的影响

在拍瓦级脉冲驱动源中，假设每台脉冲驱动源的尺寸可以足够小，以致可以将所有的脉冲驱动源排列在一层，因此只需要一个整体径向传输线，而无需多个整体径向传输线堆叠。此时，为了满足输入和输出端口处阻抗匹配的要求，应该有 $Z_{\text{input}}=0.034\Omega$ 和 $Z_{\text{output}}=0.36\Omega$。与使用六个整体径向传输线堆叠的情况相比，此时 Z_{input} 和 Z_{output} 仅为之前的 1/6。在这种条件下，本书对整体径向传输线进行了三维电磁场模拟。结果表明，对于各种线型，Z_{input} 和 Z_{output} 的大小都对 η 和 η_E 有显著的影响。下面以指数线为例进行说明，图 4.9 是指数线的计算结果。

从图 4.9 中可以看出，当 Z_{input} 和 Z_{output} 同时降低至之前的 1/6 后，η 和 η_E 显著提高，η 从约 0.77 提高到约 0.89，η_E 从约 0.78 提高到约 0.87。其原因分析如下：根据式(1.18)可知，若 Z_{input} 和 Z_{output} 同时变化 k 倍，则指数线

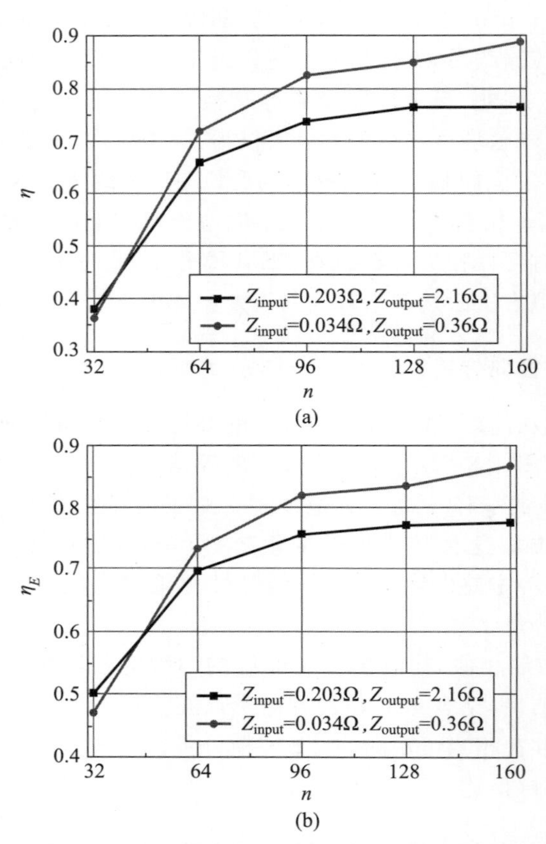

图 4.9　整体径向传输线阻抗值对 η 和 η_E 的影响

(a) 对 η 的影响；(b) 对 η_E 的影响

的沿线特性阻抗都变化 k 倍。根据式(3.3)和式(3.4)可知，由于整条线的特性阻抗都变化了 k 倍，线上任意一点的折射系数和反射系数保持不变。根据式(3.8)～(3.11)可知，当线上任意一点的折射系数和反射系数保持不变时，ρ_i($i=0,1,2,\cdots,l$)和传输线输出电压 U_{output} 都将保持不变。因此，从电路的观点考虑，Z_{input} 和 Z_{output} 同时改变 6 倍前后，η 和 η_E 不应该发生变化。利用公式(3.8)的计算结果确实如此，Z_{input} 和 Z_{output} 同时改变 6 倍前后，η 均为 0.91，η_E 均为 0.88。因此，不应该从电路上找原因，而应该从 Z_{input} 和 Z_{output} 改变引起的传输线结构尺寸变化上找原因。由于整体径向传输线在半径方向上的尺寸没有变化，根据公式(1.11)可知，欲使 Z_{input} 和 Z_{output} 同时降低至原来的 1/6，只能使构成整体径向传输线的两个极板间隙 $g(r)$ 缩小至

1/6。根据传输线理论，当板宽远大于板间距时，可以忽略板的边缘效应。此时，对于截止的模式，板间距越小，衰减越快，传到末端的能量越小；而对于同种模式，如果在板间距较大时截止，那么在板间距较小时一定截止；如果在板间距较小时截止，那么在板间距较大时可能截止，也可能传播。显然，$g(r)$大幅度缩小使得整体径向传输线中所能传播的非 TEM 模电磁场大幅减少，即所传播的电磁场比较接近 TEM 模，这导致 η 和 η_E 的数值明显上升并接近电路仿真所得结果。

4.2.2.4　整体径向传输线的极板形状对 η 和 η_E 的影响

前面提到，整体径向传输线由上下两块间距为 $g(r)$ 的圆形极板构成。指数线、高斯线、线性线和双曲线的 $g(r)$ 如图 4.10 所示，其中双曲线的 $g(r)$ 为直线，其他几种线型的 $g(r)$ 为曲线。对于 $g(r)$ 为曲线的线型而言，上下两块圆形极板至少有一块不是平面形状，而是曲面形状。容易想到，即使 $Z(r)$ 完全相同（即线型、Z_{input}、Z_{output} 均相同），若整体径向传输线的极板形状不同，计算得到的 η 和 η_E 将仍然有一定差别。本书将较容易想到的三种不同的极板形状分别称为模型 1、模型 2 和模型 3。模型 1 的上下两块极板是相同的曲面形状，如图 4.11 所示；模型 2 的下极板为平面而上极板为曲面，上极板形状与图 4.10 中曲线相同。为了便于多个整体径向传输线叠放在一起，要求每个整体径向传输线的上下两块极板都是平面。因此，人们专门设计了模型 3，在其下极板上挖了一些洞（如图 1.4 右半部红色带孔平板所示），以减小极板面积，这样既能满足上下两块极板都是平面的要求，又使其特性阻抗满足沿线变化规律。

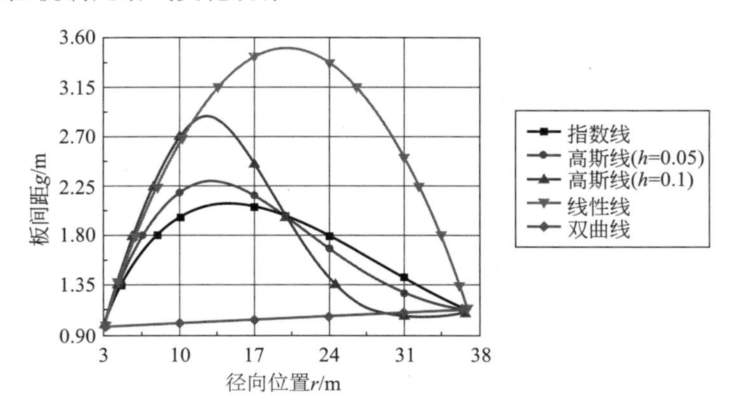

图 4.10　指数线、高斯线、线性线和双曲线的板间距随径向位置的变化曲线

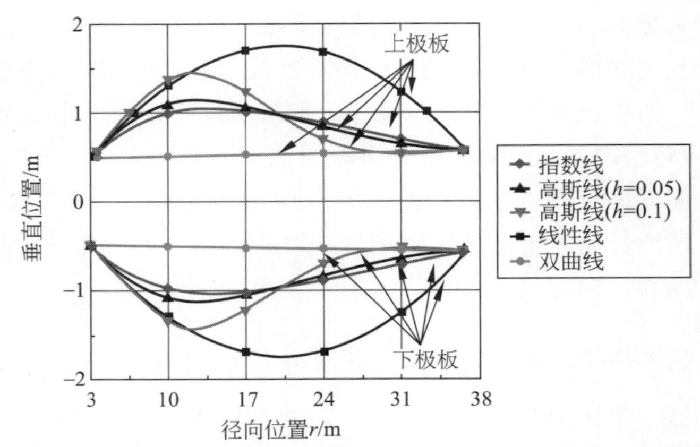

图 4.11　指数线、高斯线、线性线和双曲线的模型 1 极板形状随径向位置的变化曲线

图 4.12 是三种极板形状(模型 1、模型 2、模型 3)指数线的电磁场仿真结果,参数设置为 $Z_{\text{input}}=0.203\Omega$ 和 $Z_{\text{output}}=2.16\Omega$。从中可以看出,模型 1 的 η 和 η_E 最高,接近 0.77;而模型 2 的 η 和 η_E 最低,分别仅为 0.74 和 0.75。如果仅从电路上分析,这三个模型对应的 $Z(r)$ 完全相同,η 和 η_E 也应该完全相同,因此,造成 η 和 η_E 差别的原因在于这三者的电磁场及其传播模式的差别。对于模型 1,由于其上、下两块极板是相同的曲面,上、下极板间隙是完全对称的,因而间隙中电磁波的传播不论从方向上还是从路径长短上都是比较一致的,非 TEM 模的分量相对较小,可能抵达传输线末端的电磁波相对较大。对于模型 2,其下极板为平面而上极板为曲面,极板间隙上、下对称性很差,这可能是导致其 η 和 η_E 最低的原因。对于模型 3,虽然其上、下极板间隙也是完全对称的,但其下极板上挖洞可能带来两个不利的后果:第一,一定程度上破坏了电磁场分布的上、下对称性;第二,电磁波可能从开洞中向外泄漏,因此,其 η 和 η_E 介于模型 1 和模型 2 之间。

在极板上挖洞不仅降低了 η 和 η_E,还使得实际极板的加工大大复杂了。因此,可以采用间隙随半径呈线性变化的双曲线型,它的上、下极板均可以采用平板,而且不需要挖洞。

图 4.13 是双曲线和指数线型(模型 3)整体径向传输线电磁场仿真结果的比较,它和表 4.1 所示的电路仿真结果明显不同。在电路仿真结果中,双曲线的 η 比指数型大约低 5%;而在电磁场仿真结果中,二者的 η 几乎相同。因此,在拍瓦级脉冲驱动源中没有必要采用设计及加工复杂的挖洞指数线,而应该采用简单的双曲线。

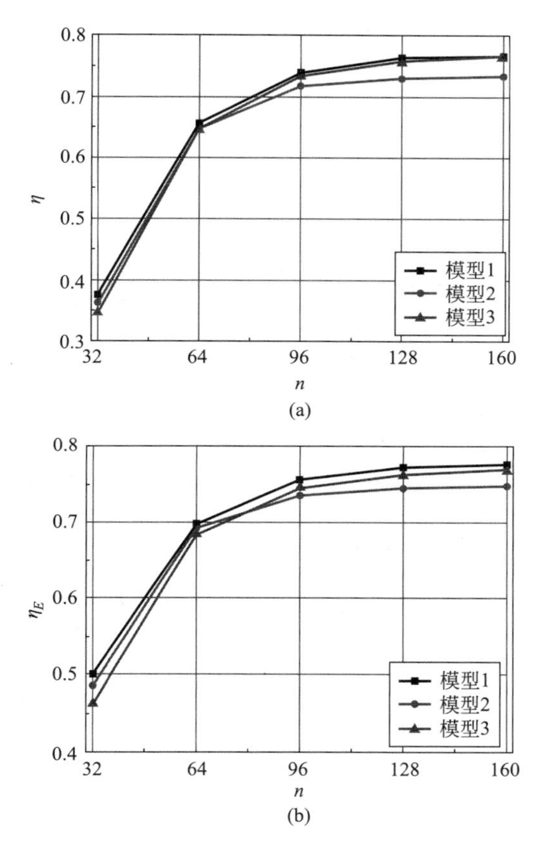

图 4.12　整体径向传输线极板形状对 η 和 η_E 的影响

（a）对 η 的影响；（b）对 η_E 的影响

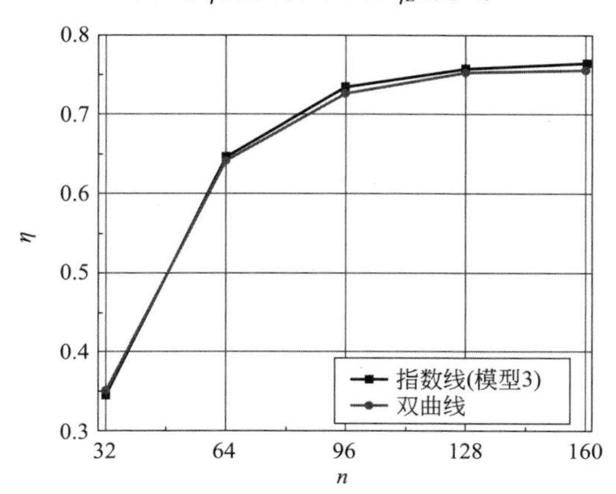

图 4.13　双曲线和指数线（模型 3）电磁场仿真结果的比较

4.3 本章小结

本章对同轴和径向非均匀传输线进行了三维电磁场仿真,得到以下主要结论。

(1) 在某些情况下(例如某些同轴非均匀传输线),电路仿真中的TEM模假设是正确的,此时可采用电路仿真方法对其传输特性进行分析,从而大大简化研究过程;但在另外一些情况下(如某些径向传输线),电路仿真中的TEM模假设有明显误差,此时电路仿真所得结果与实际情况不符,必须采用三维电磁场仿真进行分析。

(2) 整体径向传输线的峰值功率传输效率和能量传输效率受脉冲驱动源并联数、线型、沿线特性阻抗值、极板形状等多个因素影响。

(3) 双曲线型整体径向传输线的峰值功率传输效率仅比指数线型略低,但加工很容易,是未来拍瓦级脉冲驱动源的首选线型。

第5章　小型整体径向传输线的实验研究

从第4章中可以看出，三维电磁场仿真得到的η比电路仿真结果偏低约14%。为了判断二者仿真结果是否正确，要对整体径向传输线进行实验。实际拍瓦级脉冲驱动源中使用的整体径向传输线尺寸过大，实验室没有足够的空间进行实验，所以本章建立了一套小型整体径向传输线实验装置并在此基础上进行了实验研究。本章将先介绍实验装置的设计，再对实验结果进行讨论。

5.1　小型整体径向传输线的实验装置设计

实验中产生纳秒级半正弦脉冲较困难，因此采用纳秒级矩形波脉冲作为输入电压。整个实验装置的结构框图如图5.1所示，由单路高电压纳秒矩形波脉冲发生器、21路分路器和整体径向传输线及其匹配负载组成。单路高电压纳秒矩形波脉冲发生器输出的矩形脉冲经21路分路器后分为21路相同的较低电压矩形波脉冲，其中20路作为整体径向传输线的输入脉冲，另一路接至示波器，示波器还同时测量整体径向传输线的输出电压波形。用这种方法，就实现了同时测量整体径向传输线的输入和输出电压波形。图5.1中所有箭头都表示聚乙烯同轴电缆连接，箭头旁的长度代表电缆的长度(详见本节末尾)。在实验之前，对单路高电压纳秒矩形波脉冲发

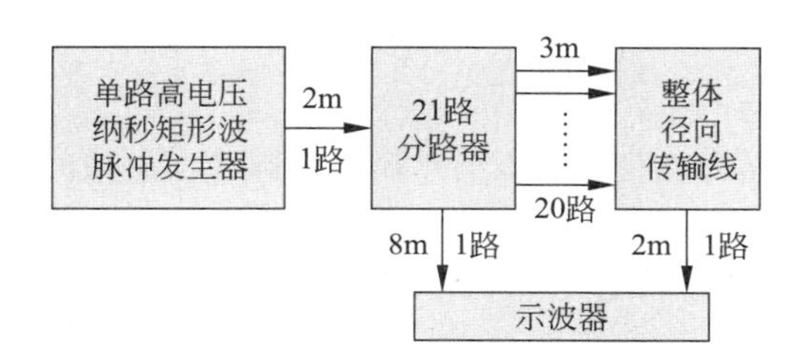

图5.1　整体径向传输线实验装置结构框图

生器的输出电压的测量使用了电阻分压器。本节将分别对以上提到的各部分装置的设计方法进行介绍。

5.1.1 单路高电压纳秒矩形波脉冲发生器

图 5.2 为单路高电压纳秒矩形波脉冲发生器的原理图。首先高压电源 V_1经过充电电阻 R_0对脉冲形成线 T_0充电。充电完成后，闭合开关 U_1，脉冲形成线 T_0就向后端的脉冲传输线 T_1放电。如果脉冲传输线后面接有负载，就会在负载上得到高电压纳秒矩形波脉冲。其中高压电源 T_0为广东辉海电子生产的直流高压电源模块，可输出 0～2.4kV 连续可调的直流高压。由于 V_1能够输出的电流最大值仅为 2mA，所以充电电阻 R_0阻值应较大，实际选择 2MΩ。开关 U_1选用常开电磁继电器，其开关速度可以保证输出矩形脉冲的上升沿小于 2ns[98]。脉冲形成线 T_0和脉冲传输线 T_1都选用特性阻抗 $Z=50\Omega$ 的高频聚乙烯电缆。根据脉冲形成线工作原理[99]，当 T_1后端所接负载与 Z 匹配，即也为 50Ω 时，负载上得到的电压波形为矩形波，其幅值为 T_0的充电电压的一半，即 0～1.2kV 连续可调；其半高宽为 T_0的单向传输时间的 2 倍。电磁波在聚乙烯同轴电缆 T_0中的波速约为 0.2m/ns。因此，为了使负载上得到半高宽约为 10ns 的脉冲，选定 T_0的单向传输时间为 5ns，其对应的长度为 1m。

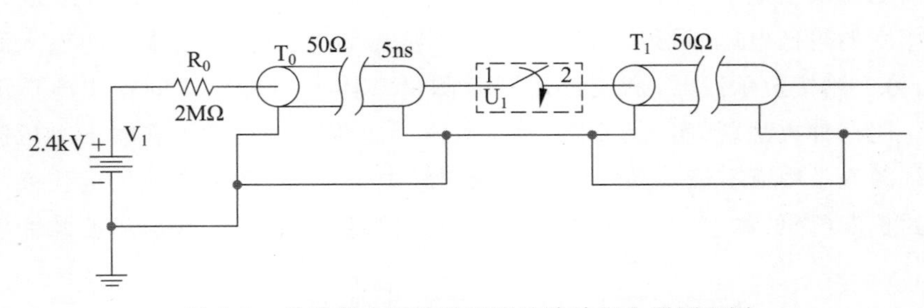

图 5.2 单路高电压纳秒矩形波脉冲发生器原理图

图 5.3 为制成的单路高电压纳秒矩形波脉冲发生器的实物图，其中“触发开关”“触发方式”“频率调节”三个功能留待拓展，与本实验无关。“高压调节”旋钮与一个电位器相连，用于调节 V_1的输出电压幅值。使用时，先将“高压开关”置于“ON”，然后调节“高压调节”旋钮至合适位置，按“单次触发”按钮即可输出纳秒矩形波脉冲。

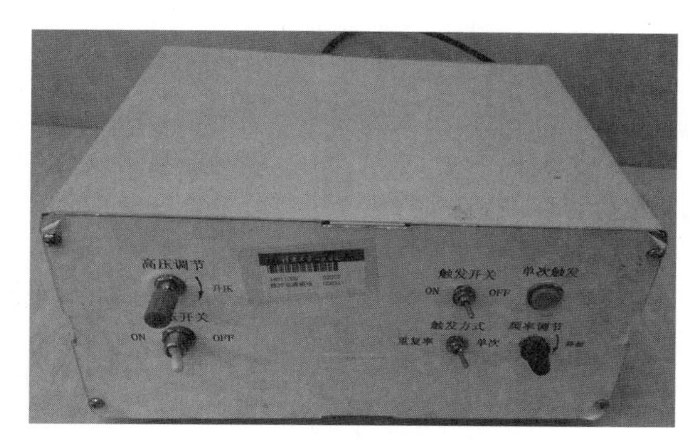

图 5.3　单路高电压纳秒矩形波脉冲发生器实物图

5.1.2　电阻分压器

图 5.4(a)为测量单路高电压纳秒矩形波脉冲发生器所使用的电阻分压器的原理图。上端为高压输入端口，下端为低压输出端口，高压臂电阻为 R_1，低压臂电阻为 R_2。为使输入端特性阻抗匹配，应满足 $R_1+R_2=50\Omega$。实际上，由于标称电阻取值的原因，选定 $R_1=50\Omega$（由 25 个 50Ω 的电阻组成，它们分成 5 段串联而成，以增大高压臂的沿面距离，防止沿面闪络[100]，其中每段 5 个并联，以增大可通过的电流），$R_2=1\Omega$（由 10 个 10Ω 的电阻并

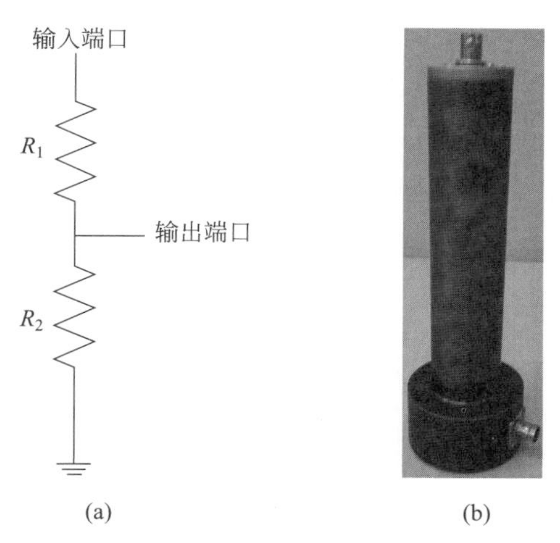

图 5.4　电阻分压器的原理图和实物图

(a) 原理图；(b) 实物图

联而成)。因此,$R_1+R_2=51\Omega$,近似满足特性阻抗匹配关系。此分压器的变比为 $V_{in}:V_{out}=(R_1+R_2):R_2=51:1$,其中 V_{in} 为输入电压幅值,V_{out} 为输出电压幅值。此电阻分压器用 DG535 数字信号发生器产生矩形脉冲作为激励进行过标定,其方波响应时间符合要求,变比与设计值吻合。图 5.4(b)为电阻分压器的实物图,此分压器采用紧凑型同轴结构以减小杂散电容。

将单路高电压纳秒矩形波脉冲发生器的输出经电阻分压器后接至示波器,示波器的输入端外接 50Ω 匹配头以保证阻抗匹配。调节单路高电压纳秒矩形波脉冲发生器的电位器旋钮至某一固定位置,进行 10 次实验,示波器测得的波形差别很小。上升沿的平均值为 1.45ns,半高宽的平均值为 10.10ns,典型波形如图 5.5 所示。顶部有轻微振荡现象,振荡幅值约 131V,峰值约 1069V,振荡幅值占峰值的 12.3%,因此基本为准矩形波,可以满足实验需要。

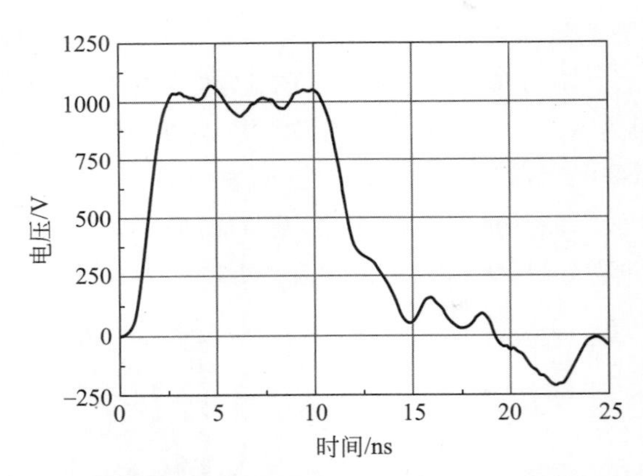

图 5.5　用电阻分压器测得的单路高电压纳秒矩形波脉冲发生器输出电压

5.1.3　21 路分路器

将单路脉冲分为多路脉冲有多种方法,本书采用的方法原理图如图 5.6 所示,其中输入脉冲即为单路高电压纳秒矩形波脉冲发生器的输出脉冲。分路器的输入和输出均采用特性阻抗为 $Z=50\Omega$ 的高频聚乙烯电缆,此方法的优点是,只要电阻 R 取值合适,无论对于前行波还是任意支路的反行波,节点两端特性阻抗都是匹配的,因此传播到节点处时不会有反射发生,脉冲波形不发生畸变。对于 n 路分路器(将单路高压脉冲分为 n 路较

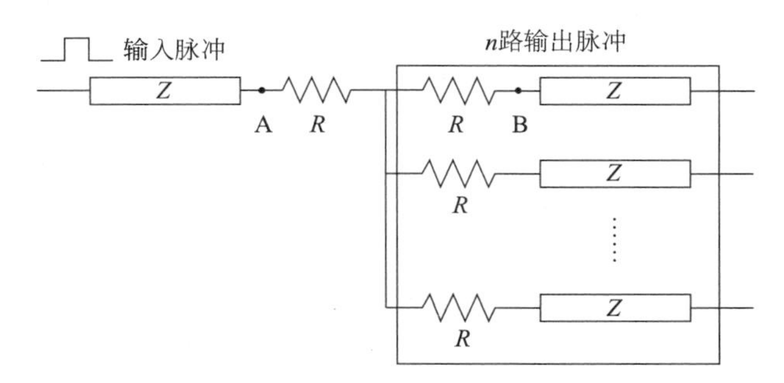

图5.6　n路分路器原理图

低电压的脉冲)，R需满足

$$R+(R+Z)/n=Z \tag{5.1}$$

即：

$$R=\frac{n-1}{n+1}Z \tag{5.2}$$

所得每路输出电压幅值均为

$$\frac{U_{\text{out}}}{U_{\text{in}}}=\frac{(R+Z)/n}{R+(R+Z)/n}\frac{Z}{R+Z}=\frac{1}{n} \tag{5.3}$$

其中，U_{out}为n路分路器输出脉冲的电压幅值，U_{in}为n路分路器输入脉冲的电压幅值。

在上述条件下，对于输入脉冲，当其传播至图5.6中A点处时，其左端特性阻抗为Z，右端等效特性阻抗为$[R+(R+Z)/n]$，根据式(5.1)，两端特性阻抗相等，因此没有反射波；对于反行波，当其由右侧任意输出电缆到达节点处(例如由B点右侧电缆到达B点)时，其右端特性阻抗为Z，左端为其他输出支路与输入支路并联后再与和B点相连的电阻串联，总的等效特性阻抗也为$[R+(R+Z)/n]$，根据式(5.1)，两端特性阻抗相等，因此没有反射波。所以，这种方法可以避免波传播至分路节点处时反射波的出现，从而保证波形无畸变。

与实际Z箍缩驱动源装置不同，在本书的小型实验装置中，整体径向传输线只需要20路输入(参见5.1.4节)，再加上1路接至示波器用于测量整体径向传输线的输入电压，总共21路脉冲。因此，取$n=21$，代入式(5.2)，得到21路分路器中使用的电阻$R=45.45\Omega$。取最接近的标称电阻值$R=45.3\Omega$，据此制作出来的21路分路器如图5.7所示，所有端口都选用BNC电缆座。为了减小分布电容不同造成的各路输出波形不一致，分路器采用轴对称设计，即输入端口位于圆盘正中央，21 个输出端口均匀分布在外圆周上。在可容纳 21 个 BNC 电缆座的条件下，输出端口所在圆周半径应尽可能小，以减小回路的电感，进而减小波形的畸变程度。本实验中输出端口所在圆周半径为 10cm。

图 5.7 21 路分路器实物图

用特性阻抗为 $Z=50\Omega$ 的高频聚乙烯电缆将单路高电压纳秒矩形波脉冲发生器的输出接至 21 路分路器的输入端口，21 路分路器的 1 个输出端口经特性阻抗为 $Z=50\Omega$ 的高频聚乙烯电缆接至示波器，示波器输入端外接 50Ω 匹配头以保证阻抗匹配。其余 20 个输出端口全部接 50Ω 匹配头以保证阻抗匹配。将单路高电压纳秒矩形波脉冲发生器的可调电位器调至与 5.1.2 节中测量时相同的位置，进行 10 次实验，示波器测得的波形差别不大。上升沿的平均值为 2.25ns，半高宽的平均值为 10.15ns。典型波形如图 5.8 所示。顶部有轻微振荡现象，振荡幅值约 5.3V，峰值约 50.98V，振荡幅值占峰值的百分比为 10.4%，因此基本为准矩形波，可以满足实验需要。根据式(5.3)计算得到的单路高电压纳秒矩形波脉冲发生器的输出电压幅值为 1071V。脉冲半高宽和计算得到的单路高电压纳秒矩形波脉冲发生器的输出电压幅值都与 5.1.2 节中用电阻分压器直接测量单路高电压纳秒矩形波脉冲发生器的输出电压时相近，而上升时间长于电阻分压器直接测量单路高电压纳秒矩形波脉冲发生器得到的结果，这是 21 路分路器的分布电容和电感造成的。

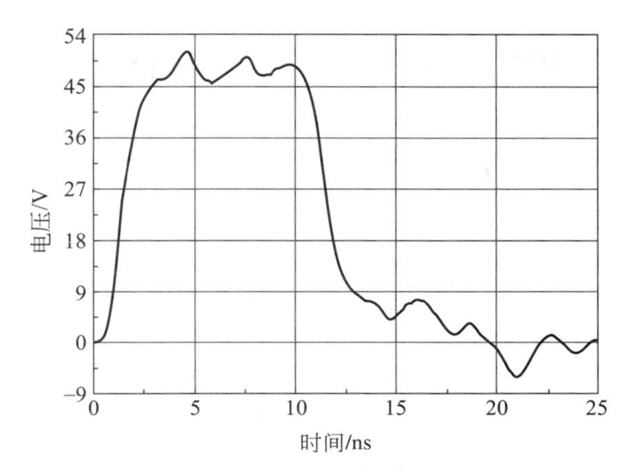

图 5.8　21 路分路器的输出电压

5.1.4　整体径向传输线及其负载

图 5.9 是本书建立的小型整体径向传输线的结构示意图，图 5.10 为其中央部分实物图。它的沿线特性阻抗采用了最容易设计和加工的双曲线，由两块圆形平板组成，图中展示的为其剖面。为了减轻质量，两板的材料为铝合金而不是电导率更高的铜。上板的厚度为 3mm，下板的厚度为 8mm。每块板的半径为 0.508m。拍瓦级脉冲驱动源中整体径向传输线的单向传输时间远大于其所传播脉冲的半高宽。为了与实际较为接近，尽量增大单

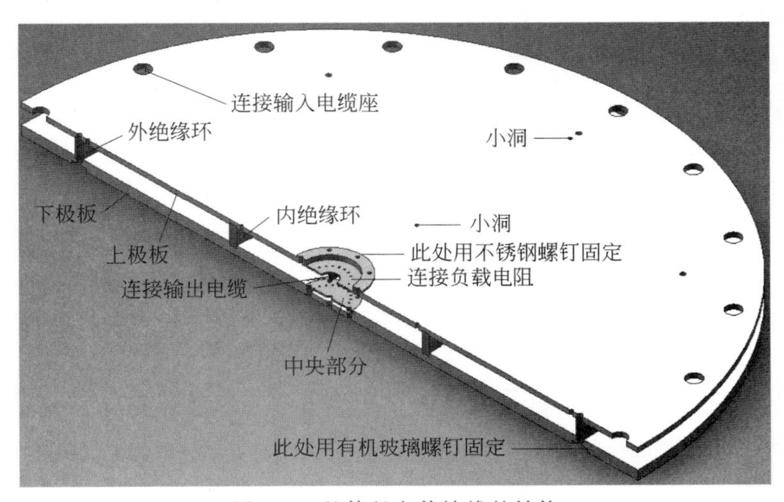

图 5.9　整体径向传输线的结构

向传输时间，本实验中将整体径向传输线完全浸没在去离子水(相对介电常数 $\varepsilon_r=80$，相对磁导率 $\mu_r=1$)中。

如图 5.10 所示，为了便于在两板之间放置负载和 BNC 电缆座，选定两板之间距离为 1cm。在两板之间嵌入两个有机玻璃(PMMA)绝缘环以保证两板间距为 $d=1$cm，每个绝缘环的宽度为 5mm。内绝缘环位于半径 62mm 处，外绝缘环位于半径 447mm 处。外绝缘环的位置距离板的边缘很近，这样可以有效支撑起板的外边缘附近。用 8 个有机玻璃螺钉穿过两板和外绝缘环，并用有机玻璃螺母紧固以防止上板被撑起而使两板间距超过 1cm。

图 5.10　整体径向传输线的中央部分实物图

在整体径向传输线的中央放置一个 BNC 电缆座，该电缆座与示波器通过特性阻抗为 Z=50Ω 的高频聚乙烯电缆相连来测量整体输出电压。该 BNC 电缆座与上板用螺母固定在一起，与下板焊接在一起。实际拍瓦级脉冲驱动源中，负载并不是位于正中心，而是位于围绕正中心的一个小圆周上。另一方面，在小型整体径向传输线实验装置中，负载距离中心太远会使负载电压与中心 BNC 电缆座上的电压差别增大，从而带来较大的误差。因此，我们将匹配负载 R_{load} 放在半径 $r_{\text{output}}=1$cm 处。根据公式计算得到整体径向传输线在半径 $r_{\text{output}}=1$cm 处的特性阻抗为

$$Z_{\text{output}}=\sqrt{\frac{\mu_0\mu_r}{\varepsilon_0\varepsilon_r}}\frac{d}{2\pi r_{\text{output}}}=6.7\Omega \tag{5.4}$$

匹配负载 R_{load} 与中心 BNC 电缆座所连 $Z=50\Omega$ 电缆并联后的阻值应与 Z_{output} 相等，即：

$$\frac{R_{\text{load}}Z}{R_{\text{load}}+Z}=Z_{\text{output}} \tag{5.5}$$

可得

$$R_{\text{load}} = \frac{ZZ_{\text{output}}}{Z - Z_{\text{output}}} = \frac{50 \times 6.7}{50 - 6.7}\Omega = 7.7\Omega \tag{5.6}$$

匹配负载选用直插式电阻。在不超过空间的限制条件下，电阻数目应尽可能得多，以使负载尽可能均匀地分布在半径 $r_{\text{output}} = 1\text{cm}$ 的圆周上。因此，电阻的数目被确定为 20。每个电阻的阻值为

$$R_{\text{load0}} = 20R_{\text{load}} = 20 \times 7.7\Omega = 154\Omega \tag{5.7}$$

所有电阻以焊接的方式与上下两板的中央部分相连。为便于焊接，我们将整体径向传输线的中央部分与其他部分分离，焊接完毕后再分别用 8 个 316 不锈钢螺钉与上、下两板装配在一起。

20 个 BNC 电缆座均匀分布在外圆周上半径 $r_{\text{input}} = 0.5\text{m}$ 处作为输入端口，每个 BNC 电缆座通过电缆将输入脉冲注入整体径向传输线。BNC 电缆座的芯顶在下板上，螺纹拧在上板上，以保证接触良好。这样，可以将整体径向传输线视为 20 个扇形径向传输线的并联，简化三维电磁场仿真。从输入端口传播到输出端口的单向传输时间为

$$T_{\text{line}} = \frac{r_{\text{input}} - r_{\text{output}}}{c / \sqrt{\varepsilon_r \mu_r}} = \frac{0.5 - 0.01}{3 \times 10^8 / \sqrt{80 \times 1}}\text{s} = 1.5 \times 10^{-8}\text{s} = 15\text{ns} \tag{5.8}$$

其中，c 为真空中的光速，$c = 3 \times 10^8\text{m/s}$。

整体径向传输线在 $r_{\text{input}} = 0.5\text{m}$ 处的特性阻抗为

$$Z_{\text{input}} = \sqrt{\frac{\mu_0 \mu_r}{\varepsilon_0 \varepsilon_r}} \cdot \frac{d}{2\pi r_{\text{input}}} = 0.134\Omega \tag{5.9}$$

输入端 20 根特性阻抗 $Z = 50\Omega$ 的电缆并联后的总阻抗达到 2.5Ω。因此，无法做到输入端的阻抗匹配，输入脉冲到达输入端时会产生折反射。反射波到达阻抗不匹配处后又会反射回整体径向传输线，从而影响示波器测得的波形。为了在示波器所测量的时间段内不受到上述反射波的影响，输入端口所接电缆长度必须足够长。实验中我们选定输入端口所接电缆长度为 3m，其对应的单向传输时间约为 15ns。由于输入脉冲的半高宽仅为约 10ns，所以在示波器屏幕上显示的波形不会受到上述反射波的影响。

整个整体径向传输线放在一个圆柱形有机玻璃槽中，以便其可被浸没于去离子水中，如图 5.11 所示。为了防止灰尘落入去离子水中影响其电导率，特意为水槽加了一个有机玻璃盖板。水槽的侧壁均匀地开有 20 个小

洞，以供与输入端 BNC 电缆座相连的电缆穿过。水槽盖板的中央也开有一个小洞，以供与输出端 BNC 电缆座相连的电缆穿过。

图 5.11　整体径向传输线实物图

实验的难点在于如何保证两板与两个有机玻璃环围成的空间被去离子水充满而没有气泡。气泡会大大缩短整体径向传输线的单向传输时间，从而严重影响其传输特性。为此，在每个有机玻璃环上开有 4 个直径 2mm 的小孔(这些小孔在图 5.9 中被上板遮挡住了)。另外，还在上板上开有 8 个直径 2mm 的小孔。这些小孔使去离子水可以注入并将空气排出。通过三维电磁场仿真，我们发现这些小孔对整体径向传输线的传输特性几乎没有影响。此外，我们还用一根直径 4mm 的软管将去离子水缓慢注入以减少注水过程中产生的气泡。

图 5.12 为整个小型整体径向传输线实验装置的实物图。图 5.1 中单路高电压纳秒矩形波脉冲发生器与分路器之间的电缆长度为 2m，整体径向传输线与示波器之间的电缆长度也为 2m，这两段电缆都只需足够长把二者连接起来即可。分路器与径向传输线之间的 20 路电缆都为 3m，原因如前所述，是为了避免反射波对示波器测得波形的影响。从分路器的输出端口经整体径向传输线至示波器的总单向传输时间为 5m 聚乙烯电缆的单向传输时间(约 25ns)与整体径向传输线的单向传输时间(约 15ns)之和，总计约 40ns，相当于 8m 聚乙烯电缆的单向传输时间。因此，选定分路器与示波器之间的电缆长度为 8m，此长度恰好可以使示波器测得的两路波形同时出现在屏幕上，便于观察。示波器每路输入端都外接 50Ω 匹配头以保证阻抗匹配。

图 5.12　实验装置整体实物图

5.2　实验结果与讨论

5.2.1　正常情形

按照 5.1 节中所述接线方式和实验方法进行实验，此实验即各支路都正常工作的理想情形，简称正常情形。图 5.13 为实验测得的整体径向传输线的输入电压波形，图 5.14 为同时测得的整体径向传输线的输出电压波形。图 5.14 中还同时给出了在图 5.13 所示的输入电压波形下用三维电磁场仿真和电路仿真得到的整体径向传输线的输出电压波形，以便将实验结果与仿真结果进行对比。

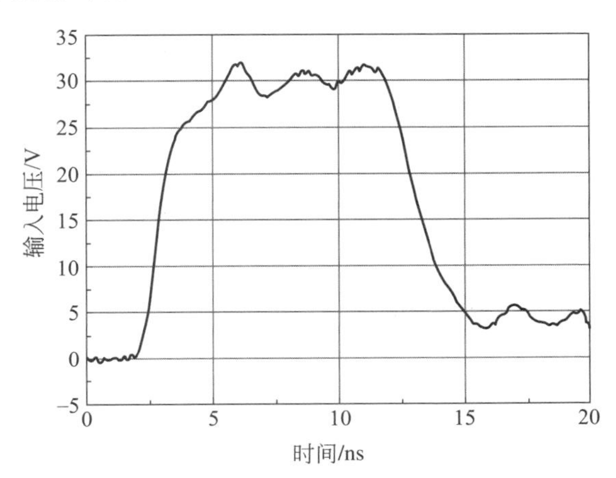

图 5.13　整体径向传输线的输入电压

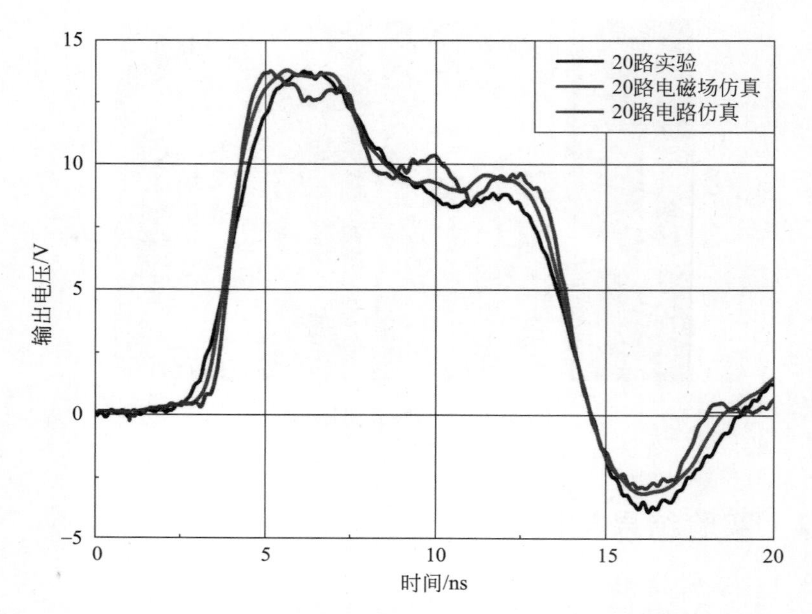

图 5.14 正常情形下整体径向传输线输出电压实验、三维电磁场仿真和电路仿真结果比较(见文前彩图)

从图 5.13 和图 5.14 中可以得出如下五条结论。

(1) 整体上实验、三维电磁场仿真、电路仿真所得结果差别不大,但实验结果与三维电磁场仿真结果更为接近,几乎完全重合,说明与电路仿真相比,三维电磁场仿真更接近实验,实验方法与三维电磁场仿真方法都是正确的。

(2) 三维电磁场仿真结果与电路仿真结果相差并不像第 3 章中那么大,关于这点将在 5.2.2 节中详细讨论。

(3) 在准矩形波电压脉冲输入的情况下,输出电压波形已明显偏离准矩形波,在峰值出现之后幅值迅速下降至峰值的 2/3 左右。而且,输出电压波形呈现双极性,存在负峰。在第 2 章中已经提到过,正峰之后的幅值下降与负峰的出现都是二次反射分量引起的。整体径向传输线是一种非均匀传输线,具有高通特性。准矩形波的上升沿和下降沿代表高频分量,可以几乎无衰减地通过整体径向传输线;其平顶部分则代表低频分量,通过整体径向传输线时会发生严重的衰减,从而导致整个波形发生畸变。

(4) 实际拍瓦级脉冲驱动源中整体径向传输线的单向传输时间要尽可能地远大于输入脉冲的半高宽,以提高传输效率[5]。本实验中整体径向传输线的单向传输时间仅为输入脉冲半高宽的 1.5 倍,而传输线两端的特性阻抗之比则达到50,再加上输入端口阻抗不匹配,这些因素都会使二次反射分量增大,从而降低输出电压。正峰之后的电压波由于到达输出端口较晚,会受到更多二次反射分量的影响,所以其幅值下降更多。

(5) 从输出电压波形的上升沿和下降沿的陡度,以及各尖峰的上升沿和下降沿的陡度来看,电路仿真所得波形最陡,电磁场仿真次之,实验最缓。这是由于实验中存在的分布电感和分布电容等参数最为复杂,三维电磁场仿真次之,而电路仿真最为理想,这些分布参数会使输出电压波形的各升降沿变缓。

5.2.2 不同数目输入端口情形

为了研究整体径向传输线的输出电压与输入端口数目之间的关系,去掉21路分路器的部分输出端口与整体径向传输线的输入端口之间的电缆,将整体径向传输线的这些输入端口开路,并保证剩余输入端口均匀分布。在21路分路器没有接电缆的输出端口上接50Ω匹配头以保证阻抗匹配,从而保证其他支路的输出不变。除20路外,还对10路、5路、4路、2路、1路输入端口的情形都进行了实验,所得各输出电压波形如图5.15(a)所示。

从图5.15(a)中可以看出,输出电压幅值随输入端口数目的减少而减

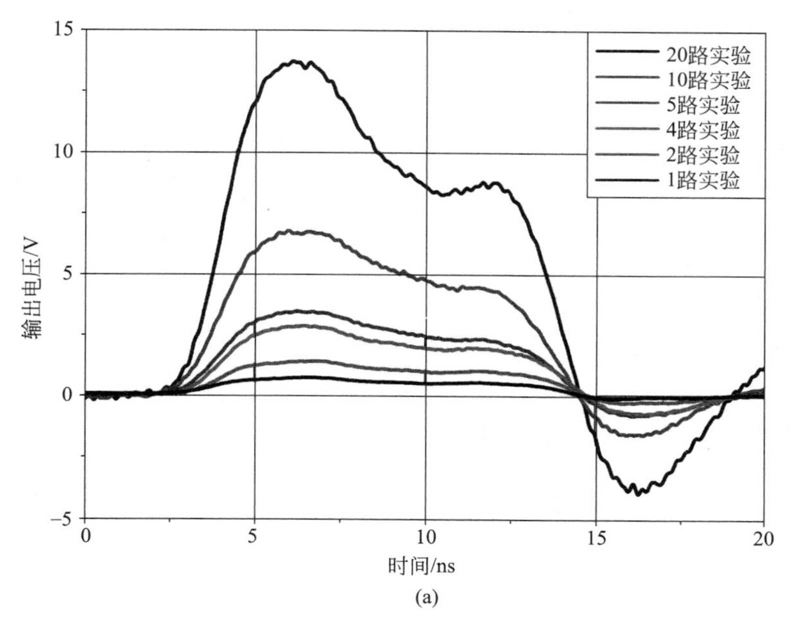

(a)

图5.15　整体径向传输线的输出电压与输入端口个数的关系(见文前彩图)

(a) 实验测得的输出电压;(b) 归一化的输出电压

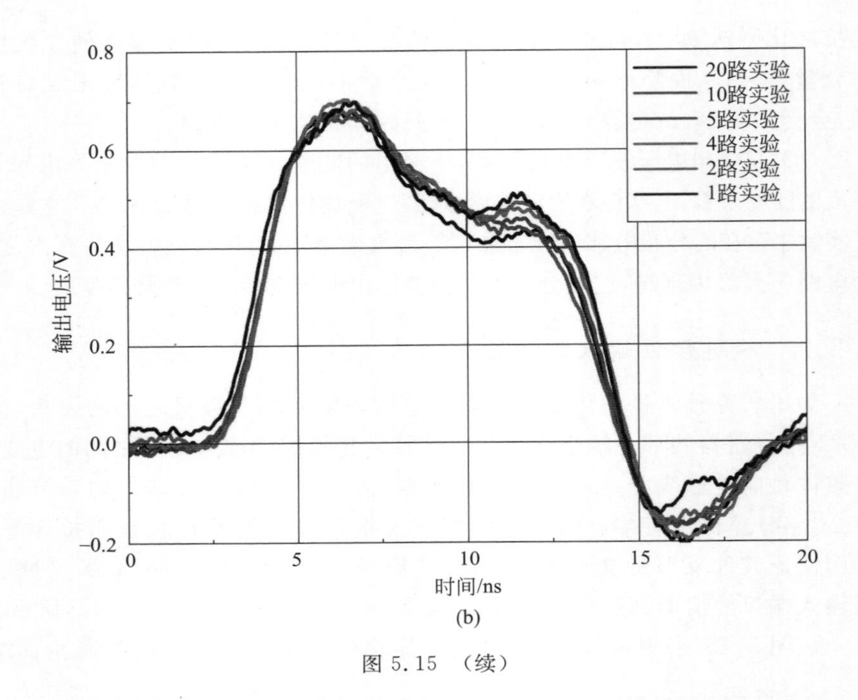

(b)

图 5.15 （续）

小。为了进一步比较波形，将每种输入端口数目情形下的输出电压值进行归一化，即除以其输入端口个数，得到图 5.15(b)。

从图 5.15(b)中可以看出，各波形相差不大，这说明在本实验中，整体径向传输线的输出电压基本正比于输入端口数目，多路输入情形下每路输入对输出电压的贡献与单路输入基本相同。对此结论可以按如下方法进行解释。

整体径向传输线的输入电压幅值 U_{input} 与 21 路分路器的输出电压 U_{out} 之间满足

$$U_{\text{input}}=\frac{2Z_{\text{input}}}{Z/n+Z_{\text{input}}}U_{\text{out}} \tag{5.10}$$

其中，n 为输入端口数目，Z 为每路输入电缆的特性阻抗。

由于本实验中整体径向传输线是线性系统，所以其输出电压幅值 U_{output} 正比于 U_{input}，设

$$U_{\text{output}}=kU_{\text{input}}=k\,\frac{2Z_{\text{input}}}{Z/n+Z_{\text{input}}}U_{\text{out}}=\frac{2\times 0.134k}{50/n+0.134}U_{\text{out}} \tag{5.11}$$

在本实验中，k 和 U_{out} 保持不变，n 的最大值为 20，此时，$50/n\gg 0.134$。

因此，式(5.11)变为

$$U_{\text{output}} \approx \frac{2\times 0.134k}{50/n}U_{\text{out}} = \frac{2\times 0.134k}{50}nU_{\text{out}} \propto n \tag{5.12}$$

因此，整体径向传输线的输出电压基本正比于输入端口数目。

但是，若 n 足够大，则 $50/n \ll 0.134$。此时，式(5.11)变为

$$U_{\text{output}} \approx \frac{2\times 0.134k}{0.134}U_{\text{out}} = 2kU_{\text{out}} \tag{5.13}$$

此时，U_{output} 与 n 无关。这说明径向传输线的输出电压幅值不会随输入端口数目增加而无限增大，而是存在一个上限。

对以上每种输入端口数目下的实验进行三维电磁场仿真和电路仿真，仿真中的输入电压采用对应输入端口数目实验中测得的输入电压。例如，输入端口数目为 10 的三维电磁场仿真和电路仿真中采用的输入电压都与输入端口数目为 10 的实验中测得的输入电压相同。输入端口数目为 20 路、10 路、5 路、4 路、2 路、1 路情形下输出电压波形的实验、三维电磁场仿真和电路仿真结果比较分别如图 5.14 和图 5.16 所示。

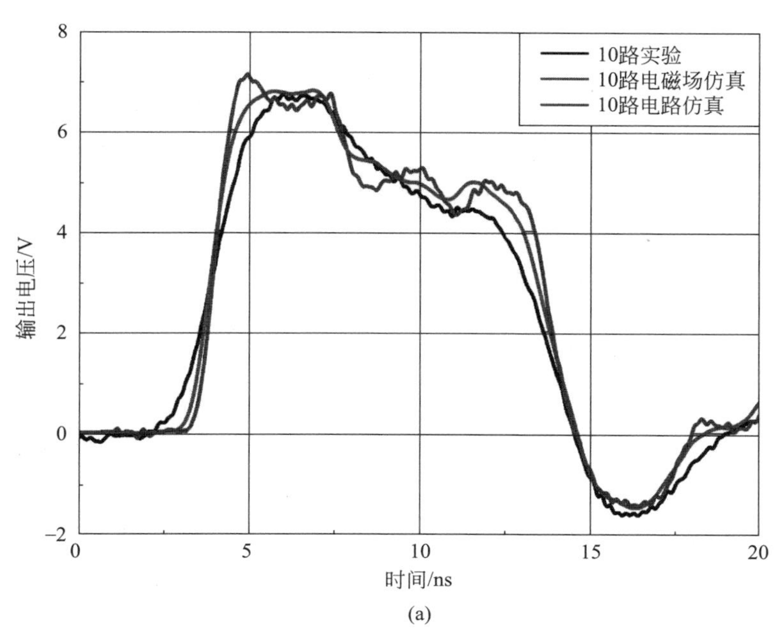

(a)

图 5.16　不同输入端口数目情形下整体径向传输线输出电压实验、三维电磁场仿真和电路仿真结果比较(见文前彩图)

(a) 10 路；(b) 5 路；(c) 4 路；(d) 2 路；(e) 1 路

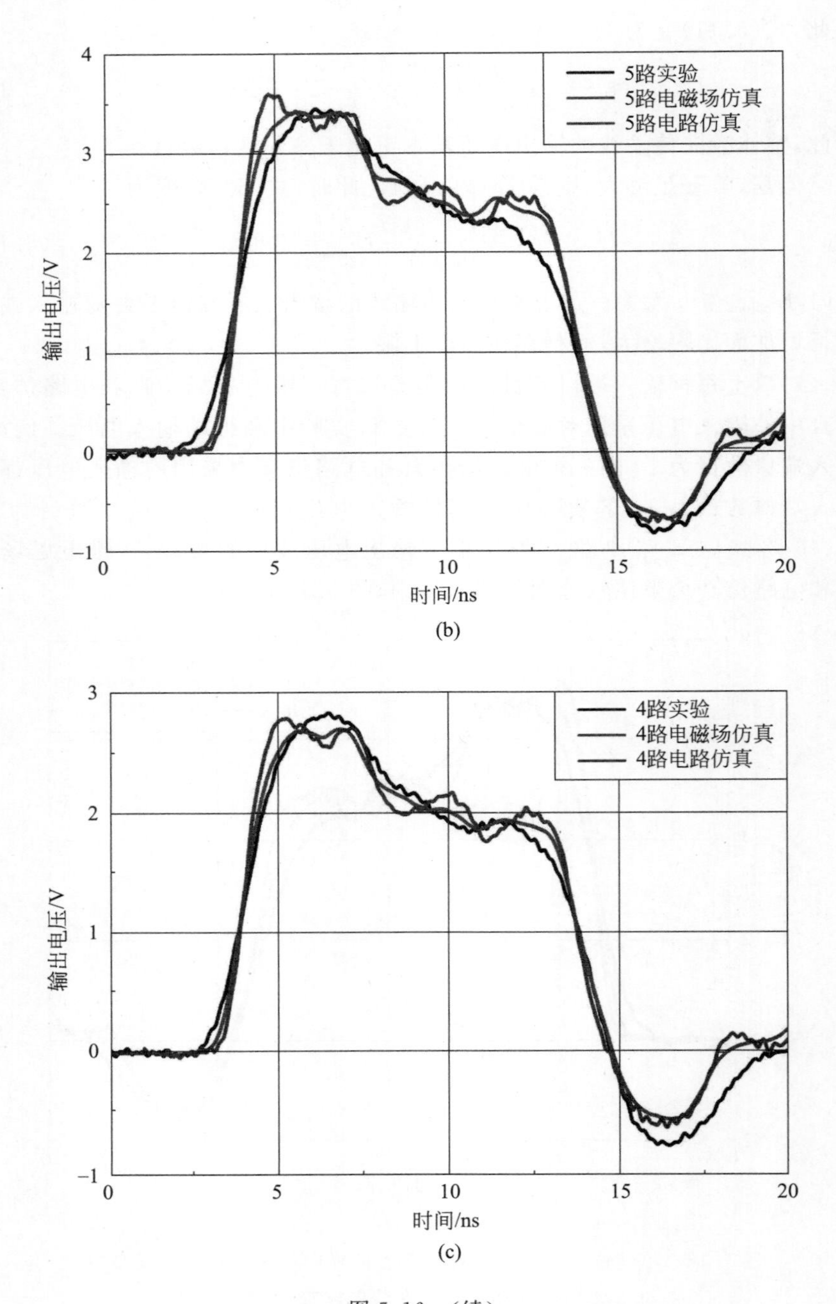
5路实验
5路电磁场仿真
5路电路仿真
输出电压/V
时间/ns
4
3
2
1
0
−1
0
5
10
15
20
4路实验
4路电磁场仿真
4路电路仿真
输出电压/V
时间/ns
3
2
1
0
−1
0
5
10
15
20

(b)

(c)

图 5.16 （续）

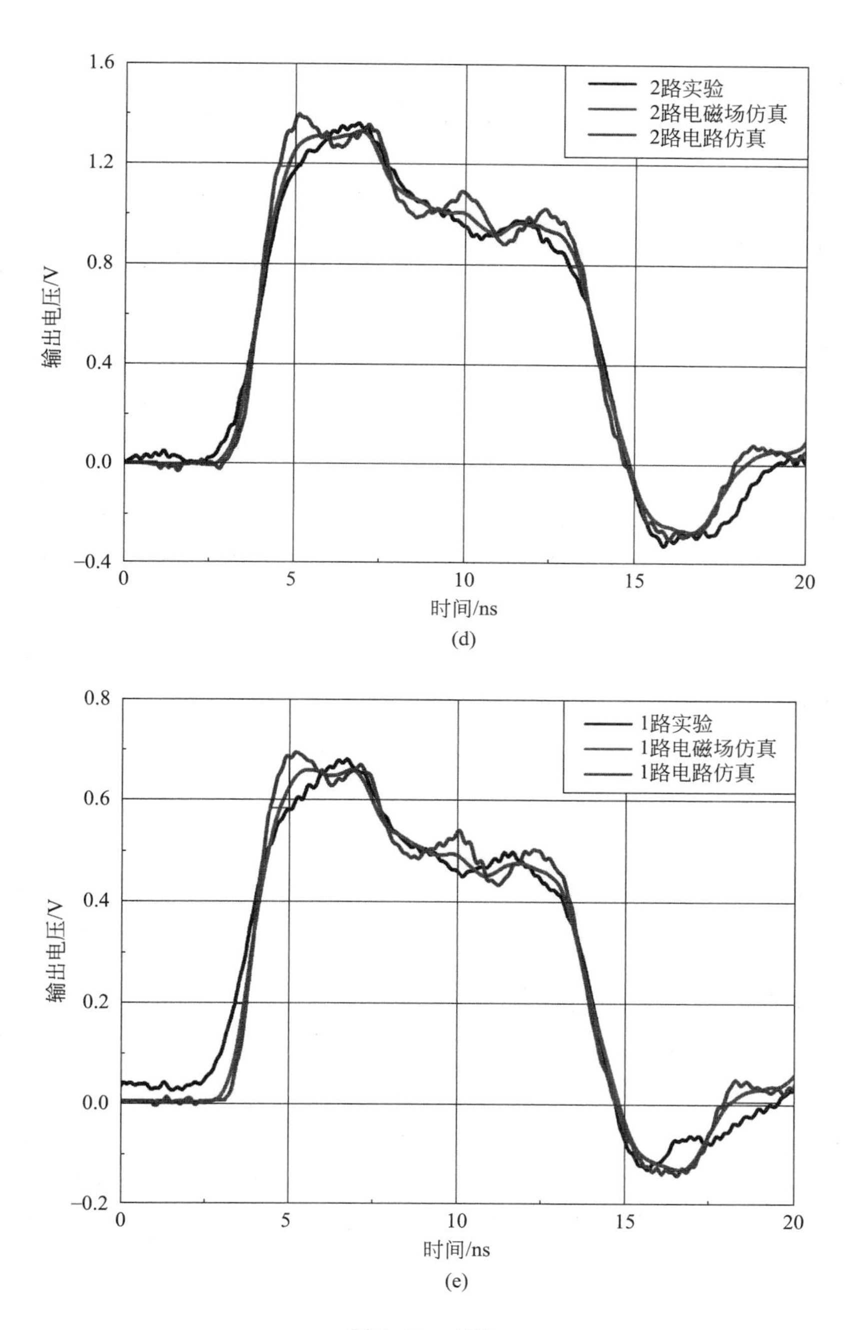
1.6
1.2
0.8
0.4
0.0
−0.4
输出电压/V
0
5
10
15
20
时间/ns
2路实验
2路电磁场仿真
2路电路仿真
(d)
0.8
0.6
0.4
0.2
0.0
−0.2
输出电压/V
0
5
10
15
20
时间/ns
1路实验
1路电磁场仿真
1路电路仿真
(e)

图 5.16 （续）

从图 5.16 可以看出，与输入端口数目为 20 的情形类似，每种输入端口数目情形下实验与三维电磁场仿真和电路仿真所得结果整体上都基本相近，且更接近三维电磁场仿真结果。这验证了实验与三维电磁场仿真结果的正确性。从升降沿的陡度上看，也都是电路仿真所得结果更陡，电磁场仿真次之，实验最缓。

有两点值得注意。第一，1 路输入端口实验中测得的输出电压在波形的起始部分并不为 0，这应该是外界干扰导致的。由于输入端口数目为 1 时的输出电压幅值较低，不足 1V，所以外界干扰比较明显，这是示波器在测量幅值较小的电压波形时必然会遇到的问题。第二，与第 4 章中对拍瓦级脉冲驱动源的三维电磁场仿真研究不同，本章中的小型实验装置模型中无论输入端口数目为多少，三维电磁场仿真所得输出电压的幅值都与电路仿真所得结果相差不大。说明在本模型中，电路仿真的 TEM 模假设是基本成立的。

事实上，电路仿真的准 TEM 模假设是否成立主要取决于整体径向传输线的两板间距以及其中传播的电磁波的高频分量。本实验中的整体径向传输线类似于平行板传输线，而对平行板传输线而言，其中截止频率最低的非 TEM 模为 TE_1 模和 TM_1 模，它们的截止频率都是[3]

$$f_1 = \frac{1}{2g\sqrt{\mu_0\varepsilon_0\mu_r\varepsilon_r}} \tag{5.14}$$

其中，g 为两极板之间的间距。频率低于 f_1 的电磁波在传输线中只能以 TEM 模传播，而频率高于 f_1 的电磁波则可以以非 TEM 模传播。如果所传播的电磁波的所有频率分量都低于 f_1，则 TEM 模假设是成立的，否则会带来明显误差。

本实验模型中 $g=1\text{cm}$，根据式(5.14)计算得到的截止频率是 1.677GHz。实验中测得的输入电压近似梯形波，半高宽约 10ns，对应的双极梯形波的频率为 50MHz，与截止频率相差 33 倍以上。而且，实验测得的输入电压波形的上升沿和下降沿都与理想梯形波不同，其所包含的高频分量要远少于标准梯形波。第 4 章中未来 Z 箍缩驱动源装置中的 $g=1\text{m}$，根据式(5.14)计算得到的截止频率为 16.77MHz。采用角频率 14Mrad/s 的半正弦脉冲，对应的频率为 2.228MHz，与截止频率相差不到 8 倍，其中含有的超过其截止频率的分量大大多于本实验装置。因此，在第 4 章的拍瓦级脉冲驱动源中，电路仿真的 TEM 模假设会带来明显误差，而在本书的小型实验装置模型中，该假设成立。

为了对以上解释进行验证，在输入电压为含有较多高频分量的标准梯形波情形下对本书的小型实验装置进行三维电磁场仿真和电路仿真，并进行对比。该标准梯形波输入电压波形如图 5.17 所示。其幅值为 30V，半高宽为 10ns，上升沿为 2.34ns，这是输入端口取不同数目的各次实验中测得的输入电压波形的上升沿的平均值。下降沿事实上并不重要，所以为了使波形对称，下降沿也取 2.34ns。

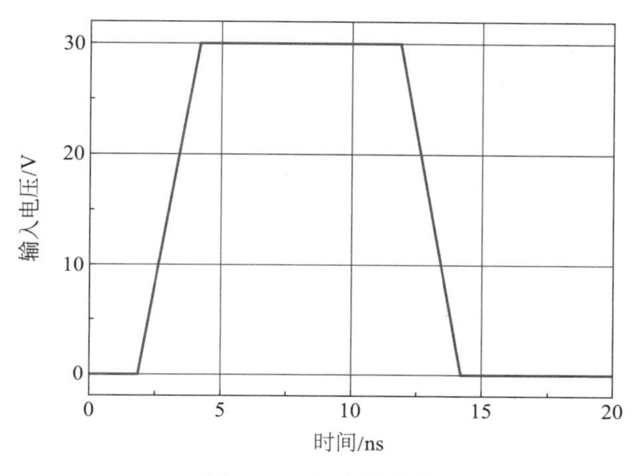

图 5.17　标准梯形波

在此标准梯形波输入的情形下，输入端口数目为 20 路、10 路、5 路、4 路、2 路、1 路情形下输出电压波形的三维电磁场仿真结果与电路仿真结果比较如图 5.18 所示。

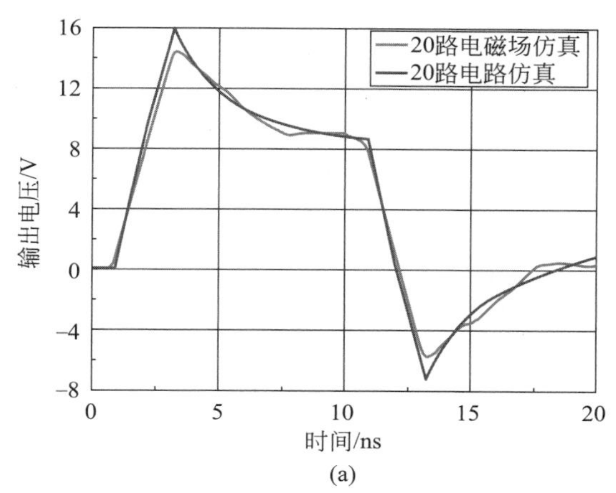

图 5.18　标准梯形波输入情形下，不同输入端口数目整体径向传输线的输出电压三维电磁场仿真与电路仿真结果比较

(a) 20 路；(b) 10 路；(c) 5 路；(d) 4 路；(e) 2 路；(f) 1 路

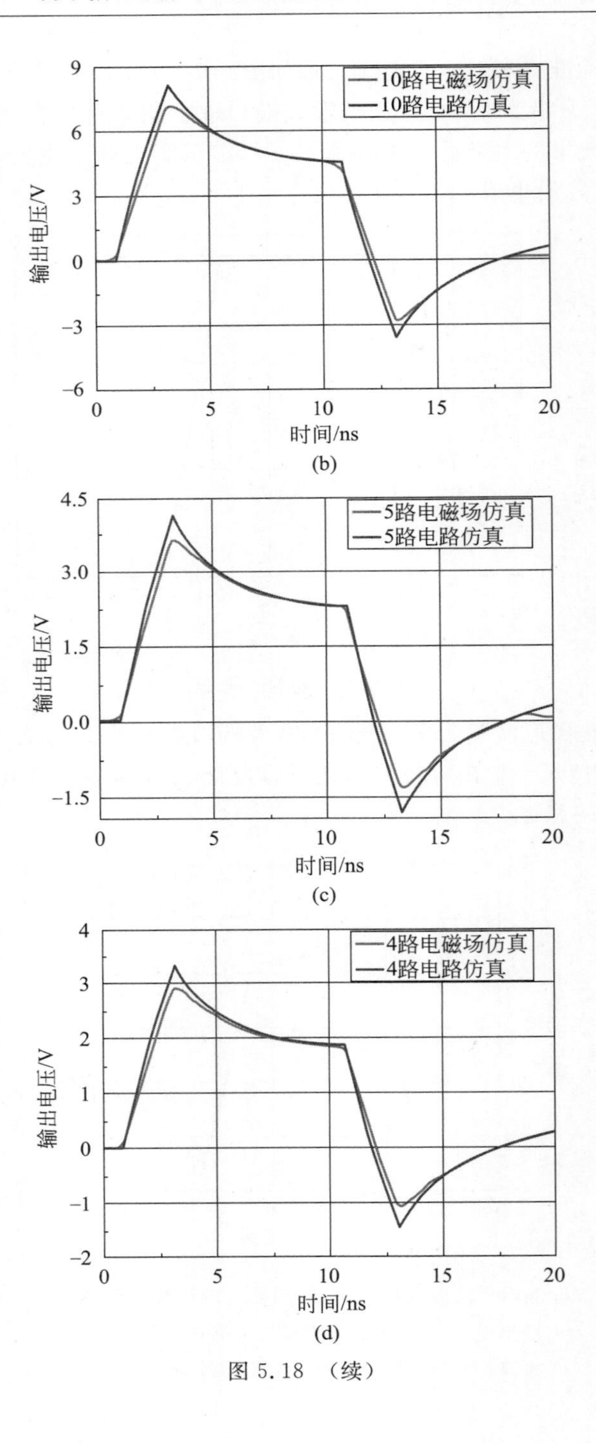
10路电磁场仿真
10路电路仿真
输出电压/V
时间/ns
(b)
5路电磁场仿真
5路电路仿真
输出电压/V
时间/ns
(c)
4路电磁场仿真
4路电路仿真
输出电压/V
时间/ns
(d)

图 5.18 （续）

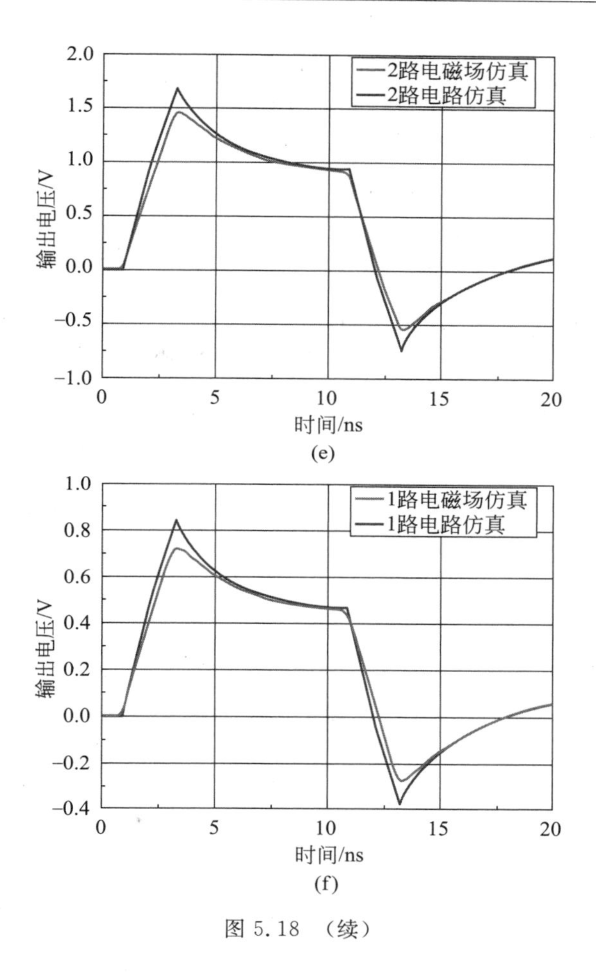

图 5.18 (续)

从图 5.18 可以看出,每种输入端口数目情形下三维电磁场仿真所得输出电压波形与电路仿真所得波形基本重合,只是电磁场仿真所得输出电压的峰值较低。这和第 4 章中对拍瓦级脉冲驱动源的仿真结果是一致的。表 5.1 中对每种输入端口数目情形下仿真得到的输出电压峰值进行了详细的对比。

从表 5.1 中可以看出,与采用实验中测得的输入电压波形进行仿真不同,采用含有较多高频分量的标准梯形波进行三维电磁场仿真得到的输出电压峰值要比电路仿真结果低至少约 10%,这就验证了电路仿真的 TEM 模假设是否成立主要取决于整体径向传输线的两板间距以及其中传播的电磁波的高频分量。

表 5.1 三维电磁场仿真和电路仿真所得输出电压峰值对比

输入端口数目	三维电磁场仿真所得输出电压峰值 U_1	电路仿真所得输出电压峰值 U_2	电压峰值之比 U_1/U_2
20	7.2511	7.9755	0.9092
10	3.6257	4.0963	0.8851
5	1.8129	2.0764	0.8731
4	1.4503	1.6657	0.8707
2	0.7251	0.8375	0.8658
1	0.3626	0.4199	0.8635

此外，随着输入端口数目的减少，二者差距会进一步增大。这说明在此模型下，输入端口数目会对 TEM 模假设带来的误差大小造成影响，这与第 4 章中对拍瓦级脉冲驱动源的研究结论是一致的。

5.2.3 故障情形

实际使用中，整体径向传输线会发生很多故障。本节对开路、短路和输入脉冲不同步注入三种故障情形进行了实验研究。为了便于对故障支路位置进行描述，首先将整体径向传输线的 20 个输入端口按顺时针方向编号为 1～20，如图 5.19 所示。由于整体径向传输线输入端口的分布具有旋转对称性，所以从任何一个输入端口开始编号都是相同的。

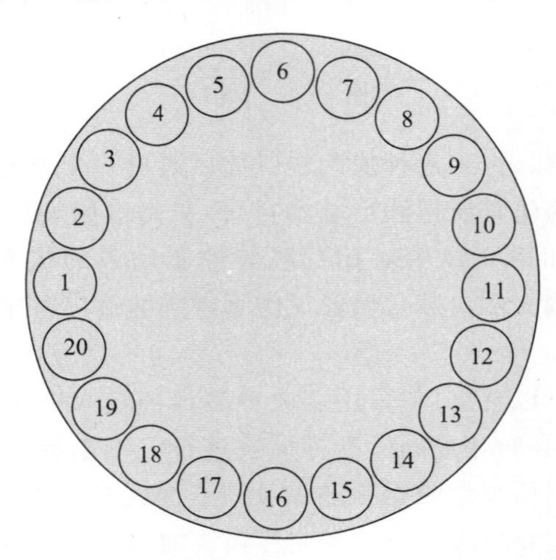

图 5.19 整体径向传输线输入端口的编号示意图

一般而言，整体径向传输线发生故障后不再具有旋转对称性，因此，对故障情形进行三维电磁场仿真所需时间将大大增加。而且，从 5.2.1 节和 5.2.2 节中已经看出三维电磁场仿真结果与实验结果非常接近，因此，本书并没有对故障情形下整体径向传输线的传输特性进行三维电磁场仿真。

5.2.3.1　开路故障情形

对于开路故障，本书对两种不同的情形进行了实验。第一种情形是在整体径向传输线的输入端口处开路，其框图如图 5.20(a)所示，将故障支路电缆的一端从整体径向传输线的输入端口拔出，但另一端仍然与 21 路分路器的输出端口相连。第二种情形是在 21 路分路器的输出端口处开路，其框图如图 5.20(b)所示，将故障支路电缆的一端从分路器的输出端口拔出，但另一端仍然与整体径向传输线的输入端口相连。此外，第二种情形还要在 21 路分路器的故障支路输出端口处接上 50Ω 匹配头以保证阻抗匹配，从而保证 21 路分路器的其他支路输出不变。这两种情形的区别在于整体径向传输线的故障支路输入端口是否接有电缆，第一种情形故障支路的输入端口不接电缆，第二种情形故障支路的输入端口接有电缆，因此两种情形下电磁波在故障端口处发生反射的情况不同。

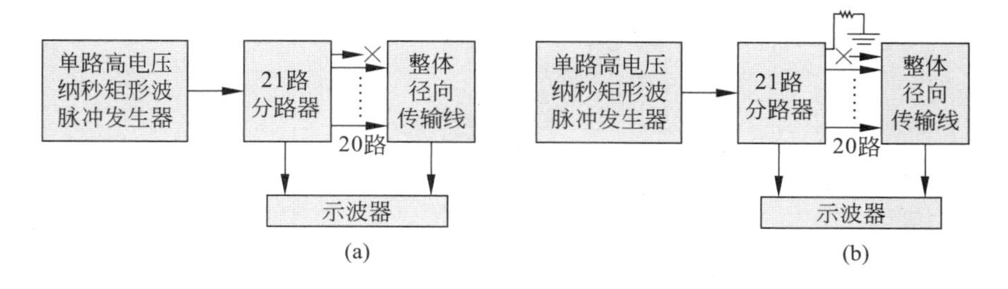

图 5.20　开路故障情形的框图

(a) 整体径向传输线输入端口开路；(b) 21 路分路器输出端口开路

由于故障支路的分布情形很多，本书只能对出现可能性比较大且比较有代表性的情形进行研究。图 5.21 给出了无故障和五种不同故障支路分布情形下发生以上两种开路故障的整体径向传输线的输出电压。

图例中的数字表示发生故障的支路的编号。事实上，由于输入端口的分布具有旋转对称性，每组故障编号都可代表一类故障支路情形。“开路 1”指编号为 1 的支路发生故障，其可代表任意单一支路发生故障的情形；“开路 1、2”表示编号为 1 和 2 的两条支路同时发生故障，其可代表任意两

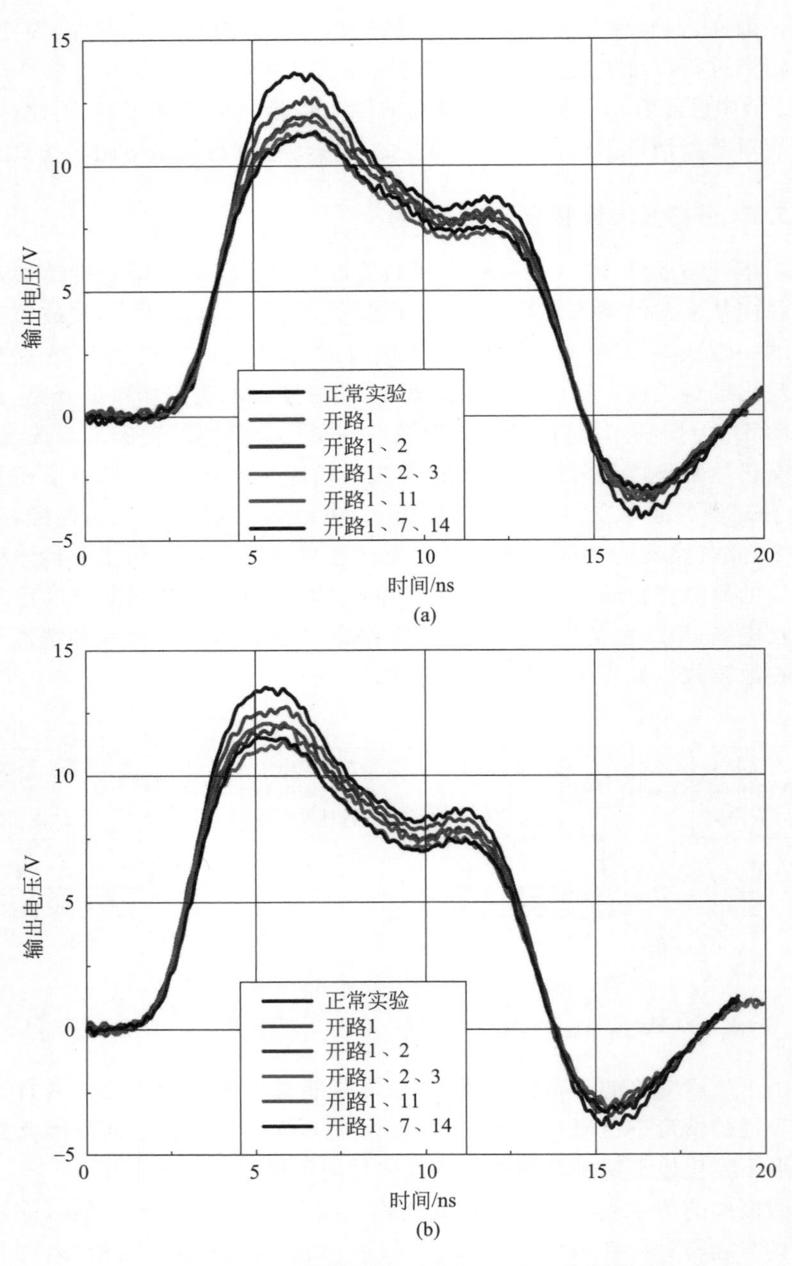

图 5.21　发生开路故障情况下的输出电压(见文前彩图)

(a) 整体径向传输线输入端口开路；(b) 21 路分路器输出端口开路

条相邻支路同时发生故障的情形;“开路 1、11”表示编号为 1 和 11 的两条支路同时发生故障,其可代表任意两条相对支路同时发生故障的情形;“开路 1、2、3”表示编号为 1、2、3 的三条支路同时发生故障,其可代表三条相邻支路同时发生故障的情形,“开路 1、7、14”表示编号为 1、7、14 的三条支路同时发生故障,其可代表三条尽可能均匀分布的支路同时发生故障的情形。

从图 5.21 可以得出如下三条结论。

(1) 输出电压幅值随故障支路个数的增加而减小,即随无故障支路个数的减少而减小,但其波形没有明显变化。根据叠加原理,输出电压可以看做各支路注入的脉冲产生的输出电压的叠加,因此,注入整体径向传输线的脉冲个数减少必然会导致输出电压幅值的下降。

(2) 输出电压波形与故障支路分布的关系并不明显,这是由于在故障支路数目相同的情况下,注入整体径向传输线的脉冲数目是相同的,仅仅一条或两条故障支路位置不同只会导致该处的边界条件不同,从而在电磁波传播至该处时发生折、反射的情况不同。但是,传播至故障端口处的电磁波仅占全部电磁波的一小部分,这一小部分的不同不足以对负载电压波形产生明显影响。此外,对于离故障端口较远的输入端口注入的电磁波,其传播至故障端口再反射至负载需要较长的时间,所以不会影响到负载电压的上升沿和峰值。因此,对于这部分端口,故障端口处的边界条件不影响其对负载电压峰值的贡献。

(3) 两种开路故障情形所得的输出电压差别不大,这一点会在 5.2.3.4 节中进行解释。

5.2.3.2 短路故障情形

对于短路故障,由于在分路器的输出端口处短路会影响分路器其他输出端口的输出电压波形,与拍瓦级脉冲驱动源中的短路情形不符,所以只对在整体径向传输线的输入端口短路一种情形进行实验研究,其框图如图 5.22 所示。此情形是在 5.2.3.1 节中开路故障的第一种情形基础上,用

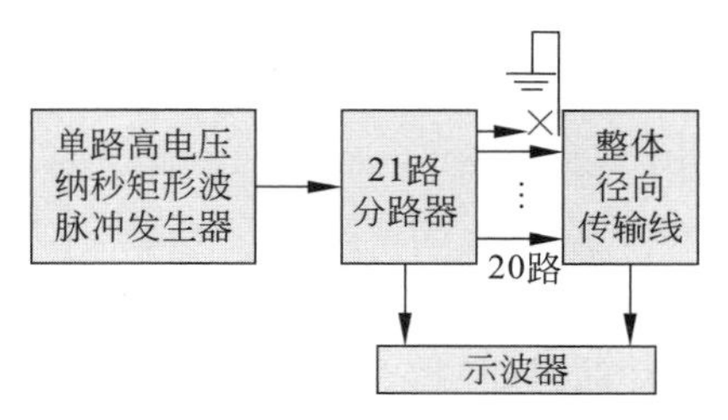

图 5.22 整体径向传输线输入端口发生短路故障情形的框图

一根尽量短的导线在整体径向传输线的故障支路输入端口处将未接地的极板接地。因为另一块极板是始终接地的，所以此时两极板短路。

图 5.23 给出了无故障和五种不同故障支路分布情形下发生短路故障的整体径向传输线的输出电压，图例的含义与图 5.21 中相同。从图 5.23 中可以看出，与发生开路故障情形类似，输出电压幅值随故障支路个数的增加而减小，但波形没有明显变化；输出电压与故障支路分布的关系并不明显。出现这些现象的原因与发生开路故障情形相同，此处不再赘述。

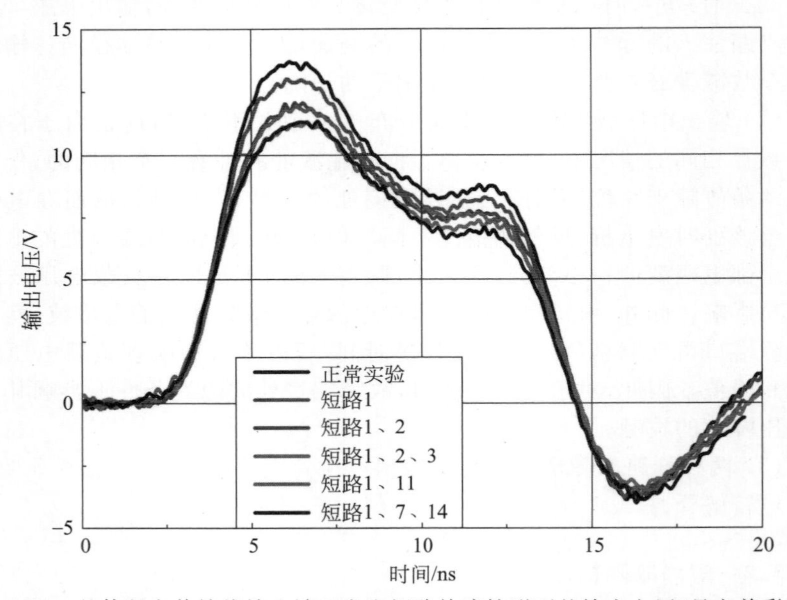

图 5.23 整体径向传输线输入端口发生短路故障情形下的输出电压(见文前彩图)

5.2.3.3 输入脉冲不同步注入情形

理想情况下，各路输入脉冲是同时注入整体径向传输线的。但在拍瓦级脉冲驱动源中，由于开关触发时间的分散性，各路输入脉冲的注入时间会有差别。对于大型脉冲驱动源中常用的激光触发开关而言，其触发时间的分散性一般在 2ns 以内。在实验中，可以通过延长 21 路分路器的输出端口和整体径向传输线的输入端口之间电缆的长度来模拟实际中开关的延迟触发，通过缩短该电缆的长度来模拟实际中开关的提前触发，从而实现输入脉冲不同步注入的情形，其框图如图 5.24 所示。对于实验中使用的高频聚乙烯电缆而言，与 2ns 的单向传输时间对应的长度为 40cm，因此，实验中将通过电缆长度延长或缩短 40cm 来模拟激光触发开关不同步触发的最坏情形。

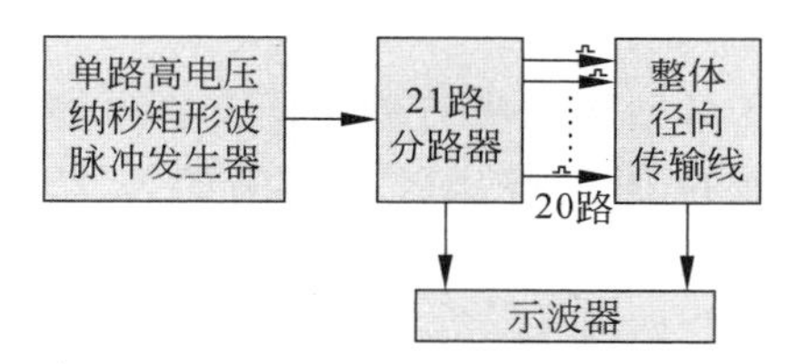

图 5.24　整体径向传输线的输入脉冲不同步注入的情形

图 5.25 给出了正常情形和将五种不同支路电缆延长 40cm 后得到的整体径向传输线的输出电压，图例的含义与图 5.21 中相同。从图 5.25 中可以得出如下两条结论。

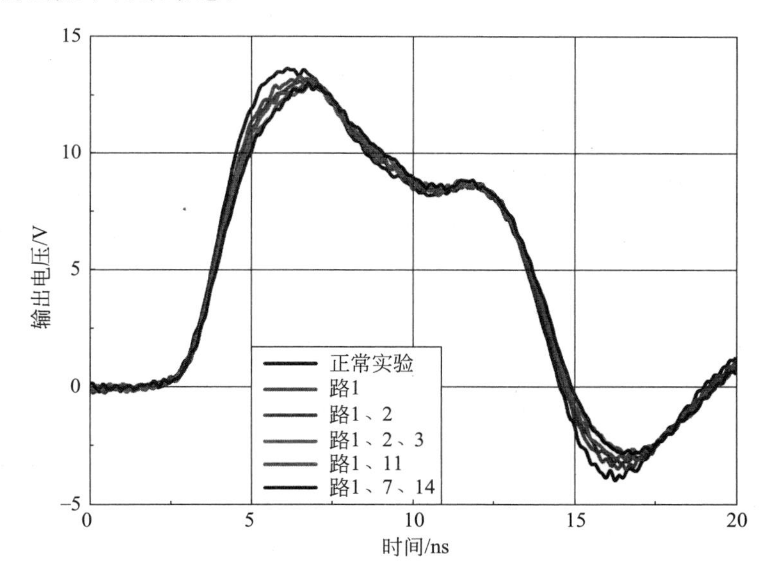

图 5.25　整体径向传输线的部分输入脉冲延迟 2ns
注入情形下得到的输出电压(见文前彩图)

(1) 在部分支路延迟触发的情况下，输出电压的峰值略有下降，但波形基本不变，且与延迟触发支路分布的关系并不明显。

(2) 与开路或短路故障情形不同，在部分支路延迟触发的情形下，输出电压的峰值出现时刻推迟了。根据叠加原理，输出电压实际上可以看作是 20 个输入电压分别作用的结果，其中一路或几路延迟触发，即在时间上后移，都势必会导致整个波形及其峰值的后移，这并不奇怪。另外，电磁波到达负载的时刻没有变化，也就是输出电压的上升沿出现时刻没有变化，因此，上升沿变缓了。

图 5.26 给出了正常情形和将五种不同支路电缆缩短 40cm 后得到的整体径向传输线输出电压进行比较。图例的含义与图 5.21 相同。从图 5.26 中也可以得出如下两条结论。

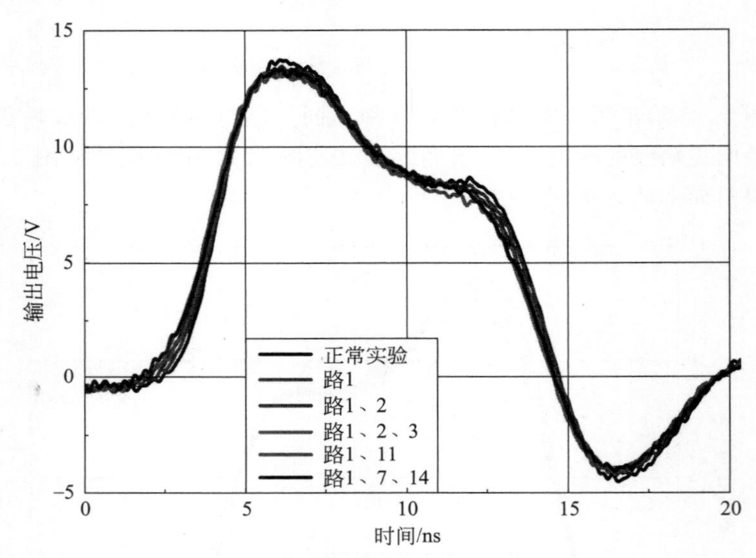

图 5.26　整体径向传输线的部分输入脉冲提前 2ns 注入情形下得到的输出电压(见文前彩图)

(1) 在部分支路提前触发的情况下，输出电压的峰值略有下降，但波形基本不变且与提前触发支路分布的关系并不明显。

(2) 与前几种故障情形不同，在部分支路提前触发的情形下，电磁波会更早地到达负载，这体现在输出电压的波形上就是上升沿出现得更早，且上升沿时间段内每一时刻的幅值都更大。但是，其峰值时刻并没有明显差别，因此，其上升沿变缓了。

除以上两种输入脉冲不同步注入的情形之外，还可能出现一些支路延迟触发，另一些支路提前触发的情形，为了对此情形进行研究，在实验中将一条支路所接电缆延长 40cm，同时将另一条支路所接电缆缩短 40cm。图 5.27 给出了正常情形和两种不同故障支路分布的该故障情形下整体径向传输线的输出电压进行比较。图例中的数字同样表示发生故障的支路的编号。“路 1 长路 2 短”表示将编号为 1 的支路所接电缆延长 40cm，同时将

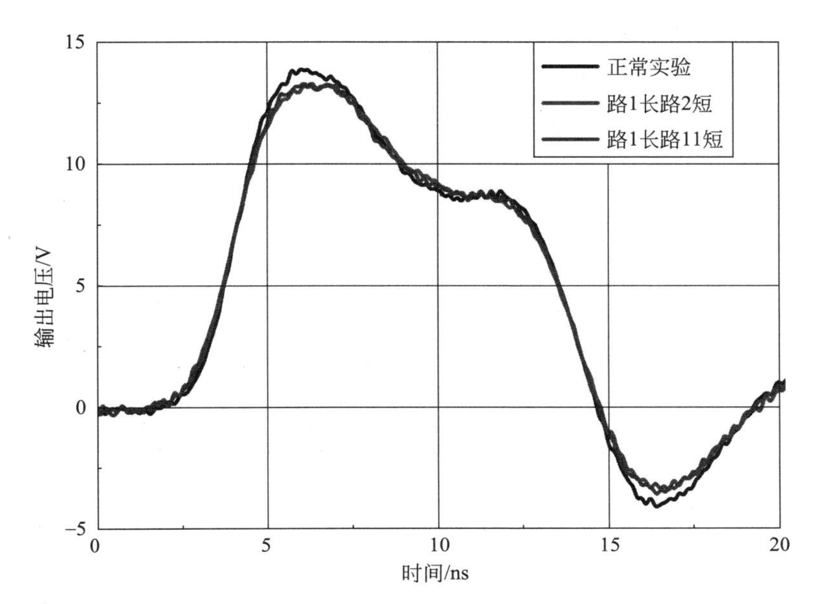

图 5.27　整体径向传输线的一路输入脉冲延迟 2ns 注入，另一路输入脉冲提前 2ns 注入情形下得到的输出电压(见文前彩图)

编号为 2 的支路所接电缆缩短 40cm，即延迟触发和提前触发的支路位于相邻位置；“路 1 长路 11 短”表示将编号为 1 的支路所接电缆延长 40cm，同时将编号为 11 的支路所接电缆缩短 40cm，即延迟触发和提前触发的支路位于相对位置。

从图 5.27 中可以得出如下两条结论。

(1) 在一条支路延迟触发，另一条支路提前触发的情形下，输出电压的峰值略有下降，但波形基本不变，且与故障支路分布的关系并不明显。

(2) 延迟触发引起的输出电压峰值后移和提前触发引起的上升沿起始时刻前移都略有体现，但并不明显，这是因为延迟触发和提前触发对输出电压波形的影响在一定程度上相互抵消。另外，由于效应相互抵消，输出电压波形在上升沿和下降沿的大部分时间段内也与理想情形重合。

5.2.3.4　不同故障情形的比较

5.2.3.1 节至 5.2.3.3 节分别对开路、短路和输入脉冲不同步注入的情形进行了研究。为了比较以上不同故障对输出电压波形影响的严重程度，本节对同一支路发生不同故障的情形进行了比较。图 5.28 和表 5.2 分

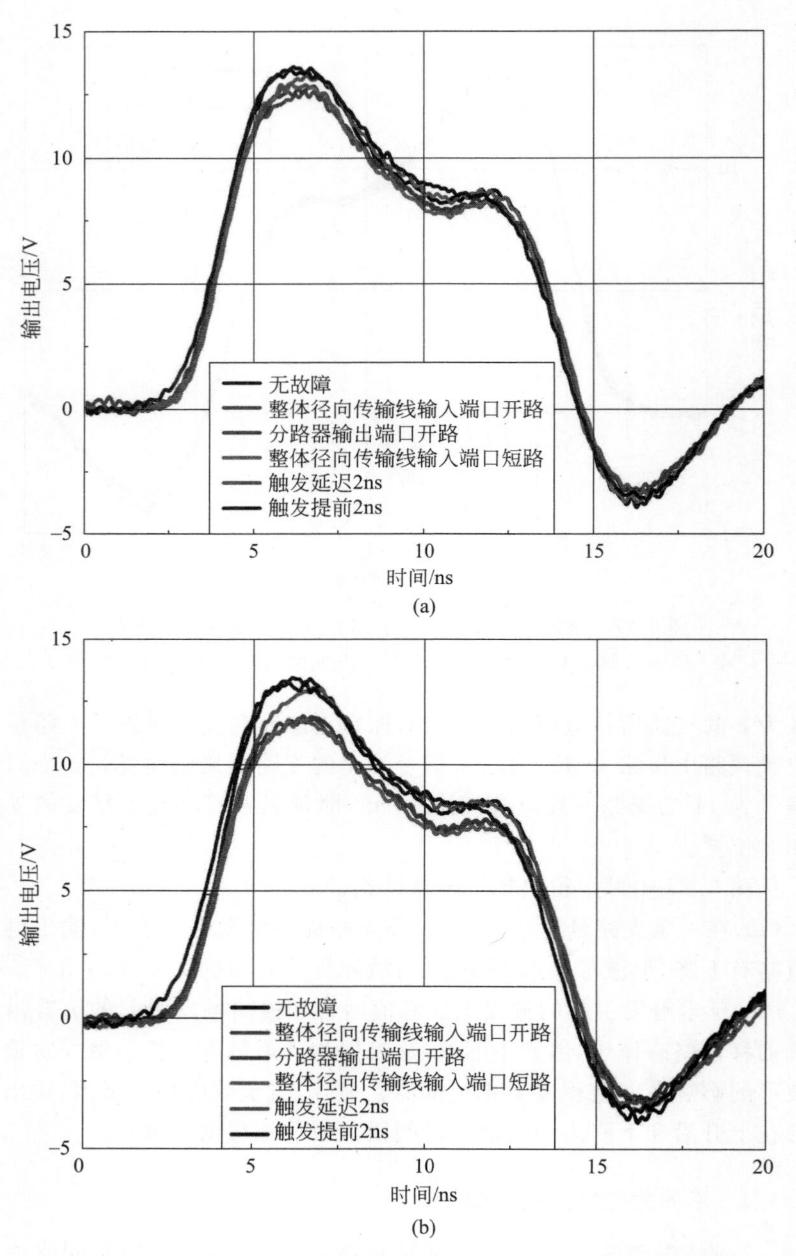

图 5.28 不同支路发生各种故障情形下的输出电压(见文前彩图)

(a) 路 1 发生故障；(b) 路 1、2 发生故障；(c) 路 1、2、3 发生故障；

(d) 路 1、11 发生故障；(e) 路 1、7、14 发生故障

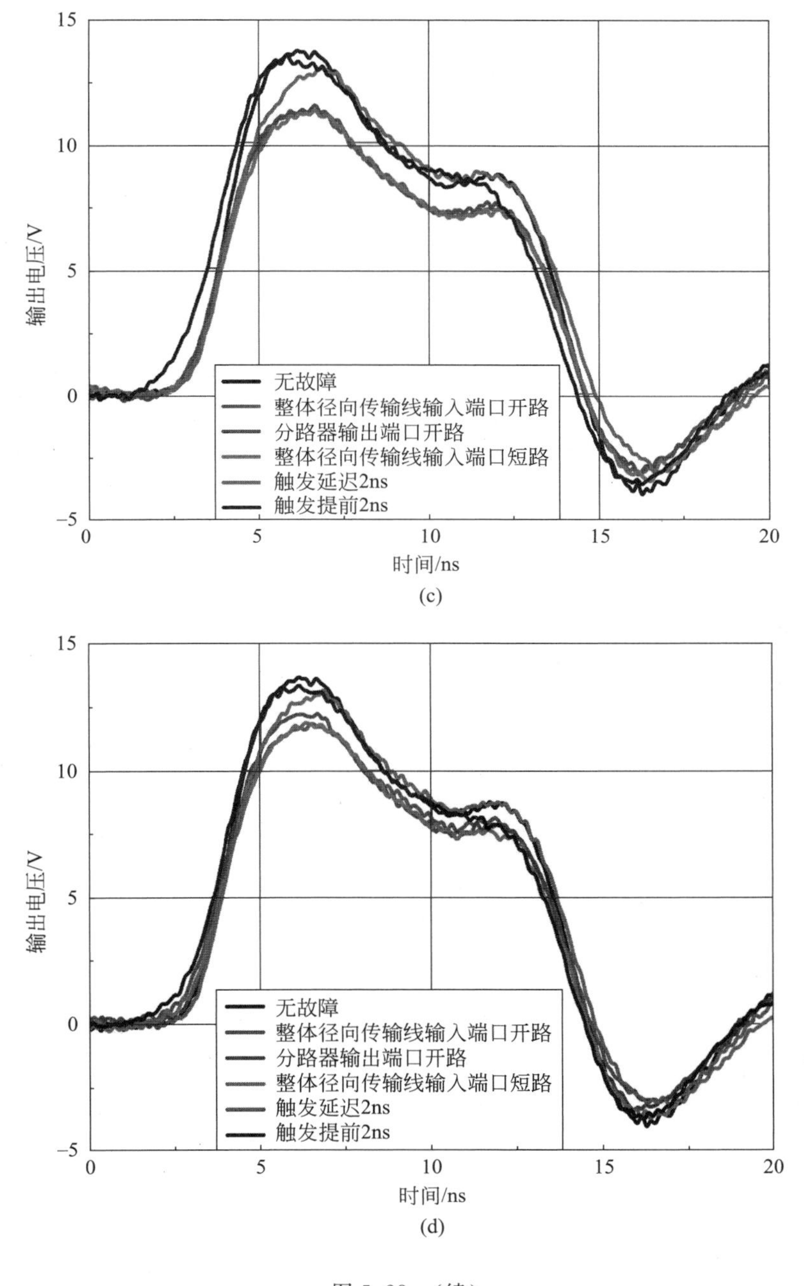

15
10
5
0
−5
输出电压/V
0
5
10
15
20
时间/ns
无故障
整体径向传输线输入端口开路
分路器输出端口开路
整体径向传输线输入端口短路
触发延迟2ns
触发提前2ns

(c)

15
10
5
0
−5
输出电压/V
0
5
10
15
20
时间/ns
无故障
整体径向传输线输入端口开路
分路器输出端口开路
整体径向传输线输入端口短路
触发延迟2ns
触发提前2ns

(d)

图 5.28 （续）

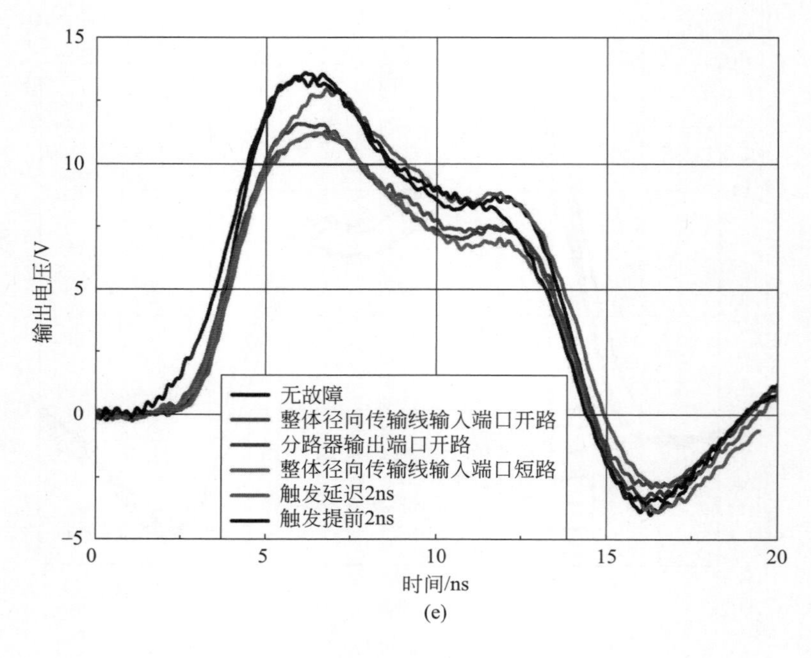

(e)

图 5.28 （续）

表 5.2　不同支路发生各种故障情形下输出电压与无故障情形下输出电压的幅值之比

故障支路编号	整体径向传输线输入端口开路	分路器输出端口开路	整体径向传输线输入端口短路	触发延迟2ns	触发提前2ns
1	0.9298	0.9429	0.9495	0.9744	0.9927
1、2	0.8786	0.8873	0.8800	0.9693	0.9876
1、2、3	0.8244	0.8391	0.8252	0.9488	0.9861
1、11	0.8661	0.8947	0.8683	0.9627	0.9766
1、7、14	0.8288	0.8522	0.8266	0.9532	0.9839

别给出了不同支路发生上述各种故障情形下整体径向传输线的输出电压波形及其与无故障情形下输出电压的幅值之比。

从图 5.28 和表 5.2 中可以得出如下两条结论。

(1) 对于任何支路而言，触发延迟或提前 2ns 对输出电压幅值的影响都明显小于整体径向传输线输入端口开路、分路器输出端口开路和整体径向传输线输入端口短路带来的影响。因为在开路或短路等严重故障情形下，故障支路的输入脉冲无法进入整体径向传输线，从而无法对输出电压产生贡献；而在触发延迟或提前 2ns 的情形下，故障支路的输入电压波仍然可以进入整体径向传输线，并对输出电压产生贡献，只是由于其时间上的延迟或提前，峰值到达负载的时刻也会出现延迟或提前，从而无法与其他支路注入的电压波在峰值叠加，因此会略微对输出电压幅值产生影响，并使整个波形在一定程度上延迟或提前。

（2）整体径向传输线输入端口开路、分路器输出端口开路和整体径向传输线输入端口短路三种故障对输出电压波形的影响差别不大。在这三种严重故障情形下，故障支路的输入脉冲都缺失了，其差别仅仅在于故障端口处的边界条件不同，从而在电磁波传播至此处时发生折反射的情况不同。由于传播至故障端口处的电磁波仅占全部电磁波的一小部分，这一小部分的变化不足以对负载电压波形产生明显影响。此外，对于离故障端口较远的输入端口注入的电磁波，其传播至故障端口再反射至负载需要较长的时间，所以不会影响到负载电压的上升沿和峰值。因此，对于这部分端口，故障端口处的边界条件不影响其对负载电压峰值的贡献。

5.3　本章小结

本章建立了一套小型整体径向传输线的实验装置并进行了实验，得到以下的主要结论。

（1）实验得到的整体径向传输线输出电压与三维电磁场仿真所得结果基本相同，证明了实验和三维电磁场仿真的正确性。

（2）电路仿真的 TEM 模假设是否成立主要取决于整体径向传输线的两板间距以及其中传播的电磁波的高频分量。若频率高于整体径向传输线的 TE_1 模和 TM_1 模截止频率的分量较多，则 TEM 模假设会带来明显误差；反之，则 TEM 模假设成立。

（3）整体径向传输线的输出电压幅值随输入端口数目的减少而减小。

（4）对任何一种故障而言，整体径向传输线的输出电压幅值随故障支路数目的增加而减小，但与故障支路所在位置基本无关。

（5）整体径向传输线的部分支路发生短路或开路故障时的输出电压幅值明显低于这些支路延迟或提前触发时的输出电压，但开路和短路故障对输出电压幅值的影响差别不大。

（6）整体径向传输线的部分支路发生短路或开路故障时对输出电压波形影响不大，而延迟或提前触发会导致输出电压波形延迟或提前，并使上升沿变缓。

第6章　结　　论

本书通过电路仿真、解析分析、三维电磁场仿真和实验，对非均匀传输线的传输特性进行了研究，得到了以下四点主要结论。

(1) 通过电路仿真发现：在输入波形为半正弦脉冲的情形下，指数线的峰值功率传输效率和能量传输效率是各种非均匀传输线线型中最高的，这是因为指数线在传输低频分量方面效率高于其他非均匀传输线线型，而半正弦脉冲中存在很大成分的低频分量。

(2) 通过解析分析发现：对于沿线特性阻抗连续且单调变化的非均匀传输线，利用数学分析方法可以推导出其输出电压的解析表达式。根据此表达式，可进一步研究非均匀传输线的输出电压波形的影响因素，可证明非均匀传输线的首达波特性、脉冲压缩特性、高通特性、峰值特性和平顶下降特性。

(3) 通过三维电磁场仿真发现：非均匀传输线的传输特性与其实际三维几何结构有关。对整体径向传输线而言，其峰值功率传输效率和能量传输效率受驱动源并联数、线型、沿线特性阻抗值和极板形状等多个因素影响。特别地，双曲线的峰值功率传输效率仅比指数线略低，但加工很容易，可作为拍瓦级脉冲驱动源的首选线型。

(4) 通过实验研究发现：实验结果与三维电磁场仿真结果基本相同，证明了实验和三维电磁场仿真的正确性。整体径向传输线发生开路或短路故障会使输出电压的幅值明显降低，但部分支路延迟或提前触发仅会略微降低输出电压的幅值。

本书的创新点有如下四点。

(1) 以往对非均匀传输线的电路模拟结果表明，当入射电压脉冲为半正弦脉冲时，指数线的峰值功率传输效率高于其他线型，但其原因不得而知。本书利用傅里叶变换，发现半正弦脉冲中含有大量的低频分量。由于指数线在传输低频分量时效率明显高于其他线型，所以指数线的传输效率最高。

(2) 以往在研究非均匀传输线时，人们通常利用电路仿真软件（如

PSpice 或 TLCODE)进行电路仿真。本书基于级联模型和行波的折反射规律,推导出了非均匀传输线输出电压的解析表达式。利用该表达式进行计算得到的输出电压波形与电路仿真所得波形相近,且计算耗时大大减少。更重要的是,利用该解析解表达式,可以进一步解析推导出非均匀传输线的多个传输特性(如首达波特性、脉冲压缩特性、高通特性、峰值特性和平顶下降特性等)。

(3) 以往对于未来拍瓦级脉冲驱动源中使用的整体径向传输线的研究绝大多数是假设电磁波以 TEM 模沿线传播,以便进行电路仿真。仅有的电磁场仿真同样假设输入波为 TEM 模,以便将三维模型简化为二维模型进行仿真。因此,电磁场仿真和电路仿真得到的输出电压波形基本相同。本书首次建立了三维电磁场仿真模型并进行了仿真研究,发现输出电压波形与电路仿真和二维电磁场仿真所得结果有明显区别,即 TEM 模假设是有明显误差的。

(4) 以往很少有人对整体径向传输线进行实验研究,迄今为止,只有 Petr 对四路脉冲注入的小型整体径向传输线进行过实验研究[94]。但在未来拍瓦级脉冲驱动源中,整体径向传输线的输入脉冲的路数至少在几十路以上,四路脉冲注入情形下整体径向传输线的传输特性未必适用于几十路注入的情形。本书首次建立了 20 路脉冲同时注入的小型整体径向传输线装置,通过实验验证了三维电磁场仿真结果的可信性,并实验研究了各种故障模式(某些支路开路、短路或输入脉冲不同步注入)对整体径向传输线传输特性的影响。

参考文献

[1] 李宗谦,余京兆,高葆新.微波工程基础[M].北京:清华大学出版社,2004.

[2] 袁建强.大功率光导开关关键技术研究[D].北京:清华大学,2009.

[3] 陈振国.微波技术基础及应用[M].北京:北京邮电大学出版社,1996.

[4] Lewis I A D, Wells F H. Millimicrosecond pulse techniques[M]. 2nd ed. New York: Pergamon Press,1959.

[5] Hu Yixiang, Qiu Aici, Huang Tao, et al. Simulation analysis of transmission-line impedance transformers with the Gaussian, exponential, and linear impedance profiles for pulsed-power accelerators[J]. IEEE Transactions on Plasma Science, 2011,39(11): 3227-3232.

[6] Mao Chongyang, Zou Xiaobing, Wang Xinxin. Three-dimensional electromagnetic simulation of monolithic radial transmission lines for Z-pinch[J]. Laser and Particle Beams,2014,32(04): 599-603.

[7] Bolinder F. Fourier transforms in the theory of inhomogeneous transmission lines [J]. Kungliga Tekniska Hoegskolans Handlingar,1951(48): 83.

[8] 陈军,徐昌彪,魏宇红.两节传输线阻抗变换器的分析与设计[J].现代电子技术,2007,30(13): 60-62.

[9] Khalaj-Amirhosseini M. Wideband or multiband complex impedance matching using microstrip nonuniform transmission lines[J]. Progress in Eelectromagnetics Research,2006,66: 15-25.

[10] 高立,陈叔远.通用阻抗变换器在有源滤波器中的应用[J].电子元器件应用,2007,9(10): 14-15.

[11] Cohn S B. Optimum design of stepped transmission-line transformers[J]. IRE Transactions on Microwave Theory and Techniques,1955,3(3): 16-20.

[12] 陈开周,赵希明,王定,等.微波宽带阶梯阻抗变换器的优化设计[J].西北电讯工程学院学报,1982(2): 22-29.

[13] 吴丛凤,王兆申,刘永普.离子回旋共振加热射频系统阻抗变换器的优化设计[J].强激光与粒子束,1999,11(2): 102-106.

[14] Alfuhaid A S, Oufi E A, Saied M M. Application of nonuniform-line theory to the

simulation of electromagnetic transients in power systems [J]. International Journal of Electrical Power and Energy Systems, 1998, 20(3): 225-233.

[15] Macdonald D D, Urquidimacdonald M, Bhakta S D, et al. The electrochemical impedance of porous nickel electrodes in alkaline media: Ⅱ nonuniform transmission-line analysis [J]. Journal of the Electrochemical Society, 1991, 138 (5): 1359-1363.

[16] Ramadas S N, O'Leary R L, Mulhollandt A J, et al. Tapered transmission line technique based graded matching layers for thickness mode piezoelectric transducers[C]. IEEE International Ultrasonics Symposium (ULTSYM), Rome, Italy. September, 2009.

[17] Demenicis L S, Conrado L, Seixas D, et al. Influence of a transmission line transformer in the performance of optical systems[C]. The 10th International Microwave and Optoelectronics Conference (IMOC), Iguazu Falls, Brazil. September, 2003.

[18] Shi Jinwei, Sun Chikuang. Theory and design of a tapered line distributed photodetector[J]. Journal of Lightwave Technology, 2002, 20(11): 1942-1950.

[19] Shi Jinwei, Sun Chikuang, Bowers J E. Taper line distributed photodetector[C]. 14th Annual Meeting of the IEEE Lasers-and-Electro-Optics-Society, San Diego, CA, USA. November, 2001.

[20] Gao Huai, Lin Jiming, Wu Haodong, et al. A high-efficiency distributed amplifier by using varying impedance [J]. Microwave and Optical Technology Letters, 2000, 26(5): 339-341.

[21] Carvalho M C R, Margulis W, Souza J R. A new, small-sized transmission line impedance transformer, with applications in high-speed optoelectronics[J]. IEEE Microwave and Guided Wave Letters, 1992, 2(11): 428-430.

[22] Wu Dongpo, Pan Jie, Mizumaki K, et al. Ultrashort pulse generators using resonant tunneling diodes with improved power performance [C]. The 25th International Conference on Indium Phosphide and Related Materials (IPRM), Kobe, Japan. May, 2013.

[23] 唐汉. 任意节数切比雪夫阶梯阻抗变换器的计算机辅助设计[J]. 南京大学学报(自然科学版), 1989, 25(2): 267-287.

[24] Ehsan N, Vanhille K J, Rondineau S, et al. Micro-coaxial impedance transformers [J]. IEEE Transactions on Microwave Theory and Techniques, 2010, 58(111): 2908-2914.

[25] Anufriev A N, Saliy I N. Impedance autotransformers based on canonical

nonuniform transmission lines[C]. The 14th International Crimean Conference: Microwave and Telecommunication Technology, Sevastopol, Ukraine. September, 2004.

[26] Hsue C W, Hechtman C D. Transient responses of an exponential transmission-line and its applications to high-speed backdriving in in-circuit test[J]. IEEE Transactions on Microwave Theory and Techniques, 1994, 42(3): 458-462.

[27] 顾昂.非线性传输线特性与应用研究[D].南京：南京理工大学，2010.

[28] Hsue C W. Elimination of ringing signals for a lossless, multiple-section transmission-line[J]. IEEE Transactions on Microwave Theory and Techniques, 1989, 37(8): 1178-1183.

[29] Demenicis L S, Conrado L, Seixas D, et al. Influence of transmission line transformer on the propagation characteristics of short electrical pulses[C]. The 10th International Microwave and Optoelectronics Conference (IMOC), Iguazu Falls, Brazil. September, 2003.

[30] Yoon Y, Jeong D K. A multidrop bus design scheme with resistor-based impedance matching on nonuniform impedance lines[J]. IEEE Transactions on Circuits and Systems-Ⅰ: Regular Papers, 2011, 58(6): 1264-1276.

[31] Huan Z, Haiyang W, Pingshan W. On-chip tapered transmission line transformer based on coplanar waveguide[C]. International Conference on Wireless Communications and Signal Processing (WCSP), Huangshan, China. October, 2012.

[32] Dresselhaus P D, Elsbury M M, Benz S P. Tapered transmission lines with dissipative junctions[J]. IEEE Transactions on Applied Superconductivity, 2009, 19(3): 993-998.

[33] Blumlein A D. Electrica network for forming and shaping electrical waves[P]. United States, 2465840. March 29, 1949.

[34] Martin T H, Guenther A H, Kristiansen M. J C Martin on Pulsed Power[M]. New York: Plenum Press, 1996.

[35] Deeney C, Douglas M R, Spielman R B, et al. Enhancement of X-ray power from a Z pinch using nested-wire arrays[J]. Physical Review Letters, 1998, 81(22): 4883-4886.

[36] 周良骥，邓建军，陈林，等.面向聚变能源的超高功率Z箍缩驱动器技术[C].中国核学会2011年学术年会，贵阳，2011.

[37] Stygar W A, Cuneo M E, Headley D I, et al. Architecture of petawatt-class Z-pinch accelerators[J]. Physical Review Special Topics-Accelerators and Beams,

2007,10(3): 030401.

[38] Stygar W A, Awe T J, Bailey J E, et al. Conceptual designs of two petawatt-class pulsed-power accelerators for high-energy-density-physics experiments [J]. Physical Review Special Topics-Accelerators and Beams, 2015, 18(11): 110401.

[39] 曾正中.指数传输线输出波形和传输效率的级数近似解[J].强激光与粒子束, 2011, 23(08): 2247-2251.

[40] Lu Ke. An efficient method for analysis of arbitrary nonuniform transmission lines [J]. IEEE Transactions on Microwave Theory and Techniques, 1997, 45(1): 9-14.

[41] Hu Yixiang, Qiu Aici, Zeng Zhengzhong, et al. Optimization of cavity combination for 20 MA LTD-based accelerators [J]. Plasma Science and Technology, 2012, 14(10): 927-931.

[42] Lundstedt J, Norgren M. Comparison between frequency domain and time domain methods for parameter reconstruction on nonuniform dispersive transmission lines-Abstract [J]. Journal of Electromagnetic Waves and Applications, 2003, 17(12): 1735-1737.

[43] Menemenlis C, Chun Z T. Wave-propagation on nonuniform lines [J]. IEEE Transactions on Power Apparatus and Systems, 1982, 101(4): 833-839.

[44] Burkhart S C, Wilcox R B. Arbitrary pulse shape synthesis via nonuniform transmission-lines [J]. IEEE Transactions on Microwave Theory and Techniques, 1990, 38(10): 1514-1518.

[45] Dvorak V. Transient analysis of nonuniform transmission lines [J]. Proceedings of the IEEE, 1970, 58(5): 844-845.

[46] Bellan D, Pignari S. Field coupling to nonuniform transmission lines with linear characteristic impedance [C]. IEEE International Symposium on Electromagnetic Compatibility, Minneapolis, MN, USA. August, 2002.

[47] Oufi E A, Alfuhaid A S, Saied M M. Transient analysis of lossless single-phase nonuniform transmission-lines [J]. IEEE Transactions on Power Delivery, 1994, 9(3): 1694-1700.

[48] Maffucci A, Miano G. Time-domain two-port representation of some nonuniform two-conductor transmission lines [J]. IEEE Transactions on Circuits and Systems-Ⅰ: Fundamental Theory and Applications, 2002, 49(11): 1639-1645.

[49] Hsue C W, Hechtman C D. Transient analysis of nonuniform, high-pass transmission lines [J]. IEEE Transactions on Microwave Theory and Techniques,

1990,38(8): 1023-1030.

[50] Sekine T, Kobayashi K, Yokokawa S. Transient analysis of nonuniform transmission line using the finite difference time domain method[J]. Electronics and Communications in Japan, Part 3: Fundamental Electronic Science, 2002, 85(2): 22-31.

[51] Sekine T,Kobayashi K,Yokokawa S. An approximate method of step response for binomial transmission line to step wave[C]. Asia-Pacific Microwave Conference, Sydney,NSW,Australia. December,2000.

[52] Tang Y P,Li Z,Tang S Y. Transient analysis of tapered transmission-lines used as transformers for short pulses[J]. IEEE Transactions on Microwave Theory and Techniques,1995,43(11): 2573-2578.

[53] Smith I D. A novel voltage multiplication scheme using transmission lines[C]. IEEE 15th Power Modulator Symposium,USA. June,1982.

[54] Faria J. On the segmentation method used for analyzing nonuniform transmission lines: application to the exponential line[J]. European Transactions on Electrical Power,2002,12(5): 361-368.

[55] Lundstedt J. Condition for distortionless transmission-line with a nonuniform characteristic impedance [J]. IEEE Transactions on Microwave Theory and Techniques,1995,43(6): 1386-1389.

[56] Antonini G, Ferranti F. Integral equation-based approach for the analysis of tapered transmission lines [J]. IET Science Measurement and Technology, 2008,2(5): 295-303.

[57] Saied M M,Alfuhaid A S,Elshandwily M E. S-domain analysis of electromagnetic transients on nonuniform lines [J]. IEEE Transactions on Power Delivery, 1990,5(4): 2072-2083.

[58] Khalaj-Amirhosseini M. Analysis of periodic and aperiodic coupled nonuniform transmission lines using the Fourier series expansion[J]. Progress in Electromagnetics Research,2006,65: 15-26.

[59] Khalaj-Amirhosseini M. Analysis of nonuniform transmission lines using Fourier series expansion[J]. International Journal of Rf and Microwave Computer-Aided Engineering,2007,17(3): 345-352.

[60] Hsue C W. Time-domain scattering parameters of an exponential transmission-line [J]. IEEE Transactions on Microwave Theory and Techniques, 1991, 39(11): 1891-1895.

[61] Baum C E,Lehr J M. Tapered transmission-line transformers for fast high-voltage transients[J]. IEEE Transactions on Plasma Science,2002,30(5): 1712-1721.

[62] Cheldavi A,Kamarei M,Safavi-Naeini S. Analysis of coupled transmission lines with power-law characteristic impedance [J]. IEEE Transactions on Electromagnetic Compatibility,2000,42(3): 308-312.

[63] Faria J. Nonuniform transmission-line structures: internal and external propagation parameters[J]. Electrical Engineering,2005,87(1): 19-22.

[64] Wu Duolong,Ruan Chengli. Analysis of lossless nonuniform transmission lines with power-law characteristic impedance function[J]. Microwave and Optical Technology Letters,1998,17(3): 195-197.

[65] Bergquis A. Wave-propagation on nonuniform transmission-lines [J]. IEEE Transactions on Microwave Theory and Techniques,1972,MT20(8): 557-558.

[66] Duttaroy S C. Comments on wave-propagation on nonuniform transmission-lines [J]. IEEE Transactions on Microwave Theory and Techniques,1974,MT22(2): 149-150.

[67] Pendergraft K,Pieper R. An exact solution for a reflection coefficient in a medium having an exponential impedance profile[J]. Journal of the Acoustical Society of America,1993,94(1): 580-582.

[68] Hsu Y W,Kuester E F. Direct synthesis of passband impedance matching with nonuniform transmission lines[J]. IEEE Transactions on Microwave Theory and Techniques,2010,58(4): 1012-1021.

[69] 曾正中. PW 级 Z 箍缩驱动源指数传输线的电路模拟[J]. 强激光与粒子束,2011,23(7): 1985-1988.

[70] 张蕊,黄昆,邹晓兵,等. 基于等阻抗差分段法的变阻抗线电路模拟[J]. 强激光与粒子束,2012,24(5): 1221-1224.

[71] 霍哲,张建德,贺元吉,等. 变阻抗传输线技术的理论研究[J]. 国防科技大学学报,2000,22(S1): 77-81.

[72] 王勐,邹文康,陈林,等. 指数型径向阻抗变换器功率传输效率的优化设计[J]. 强激光与粒子束,2011,23(08): 2252-2256.

[73] Welch D R,Genoni T C,Rose D V,et al. Optimized transmission-line impedance transformers for petawatt-class pulsed-power accelerators[J]. Physical Review Special Topics-Accelerators and Beams,2008,11(3): 030401.

[74] Hu Yixiang,Sun Fengju,Huang Tao,et al. Simulation analysis of transmission-line impedance transformers petawatt-class pulsed power accelerators[J]. Plasma

Science and Technology,2011,13(4): 490-496.

[75] 廖勇,马弘舸,杨周炳,等.超宽带天线中同轴到平板过渡研究[J].强激光与粒子束,2005,17(5): 741-745.

[76] Seixas D, Conrado L, Carvalho M. Theoretical investigations on the propagation characteristics of transmission lines on substrates with very high dielectric constant[J]. Microwave and Optical Technology Letters,2002,32(4): 275-278.

[77] Carvalho M, Conrado L, Demenicis L S, et al. Propagation characteristics of transmission-line transformers with different impedance variation patterns on substrates with very high dielectric constant [J]. Microwave and Optical Technology Letters,2003,37(3): 174-177.

[78] Sekine T, Kobayashi K, Yokokawa S. Transient analysis of lossy nonuniform transmission line using the finite difference time domain method[J]. Electronics and Communications in Japan, Part 3: Fundamental Electronic Science, 2002,85(8): 1-10.

[79] Amharech A, Kabbaj H. Wideband impedance matching in transient regime of active circuit using lossy nonuniform multiconductor transmission lines [J]. Progress in Electromagnetics Research C,2012,28: 27-45.

[80] 陈依军,叶君永,黄卡玛.高功率微波同轴阻抗变换器优化设计及功率计算[J].强激光与粒子束,2005,17(4): 586-590.

[81] Lee K A, Ko K C. Modeling of electromagnetic wave propagation with tapered transmission line[J]. Japanese Journal of Applied Physics,2012,51(9): 09MG01.

[82] Bennett N, Welch D R, Rose D V, et al. Optimized radial-transmission-line impedance transformer for a petawatt-class pulsed-power accelerator[C]. IEEE 40th International Conference on Plasma Sciences (ICOPS), San Francisco, CA, USA. June,2013.

[83] Vega F, Rachidi F, Mora N, et al. Design, realization, and experimental test of a coaxial exponential transmission line adaptor for a half-impulse radiating antenna [J]. IEEE Transactions on Plasma Science,2013,41(1): 173-181.

[84] Vega F, Mora N, Rachidi F, et al. Design and simulation of a coaxial exponential transmission line for a half impulse radiating antenna[C]. 2011 URSI General Assembly and Scientific Symposium, Istanbul, Turkey. August,2011.

[85] Xiao Gaobiao, Yashiro K, Guan Ning, et al. A new numerical method for synthesis of arbitrarily terminated lossless nonuniform transmission lines [J]. IEEE Transactions on Microwave Theory and Techniques,2001,49(2): 369-376.

[86] Nguyen H V, Dommel H W, Marti J R. Modelling of single-phase nonuniform transmission lines in electromagnetic transient simulations[J]. IEEE Transactions on Power Delivery, 1997, 12(2): 916-921.

[87] Javadzadeh S, Mardy Z, Mehrany K, et al. Fast and efficient analysis of transmission lines with arbitrary nonuniformities of sub-wavelength scale[J]. IEEE Transactions on Microwave Theory and Techniques, 2012, 60 (8): 2378-2384.

[88] Mamis M S, Koksal M. Transient analysis of nonuniform lossy transmission lines with frequency dependent parameters[J]. Electric Power Systems Research, 1999, 52(3): 223-228.

[89] Vidmar R J. Use of a tapered transmission line as an ideal transformer[C]. The 14th International Conference on High-Power Particle Beams, Albuquerque, NM, USA. June, 2002.

[90] Chen Su, Liang Zhuolin. The impedance matching analysis on different tapered line function[C]. The 4th IEEE International Conference on Broadband Network and Multimedia Technology, Shenzhen, China. October, 2011.

[91] 关永超，王勐，丰树平，等. 高功率低阻抗三平板传输线的设计[J]. 强激光与粒子束，2010，22(3)：519-523.

[92] de Villiers D L, van der Walt P W, Meyer P. Design of a ten-way conical transmission line power combiner[J]. IEEE Transactions on Microwave Theory and Techniques, 2007, 55(21): 302-308.

[93] de Villiers D, van der Walt P W, Meyer P. Design of conical transmission line power combiners using tapered line matching sections[J]. IEEE Transactions on Microwave Theory and Techniques, 2008, 56(6): 1478-1484.

[94] Petr R A, Nunnally W C, Smith C V, et al. Investigation of a radial transmission-line transformer for high-gradient particle accelerators[J]. Review of Scientific Instruments, 1988, 59(1): 132-136.

[95] Zhang Rui, Mao Chongyang, Huang Kun, et al. Comparison of nonuniform transmission lines with Gaussian and exponential impedance profiles for Z-pinch [J]. IEEE Transactions on Plasma Science, 2012, 40(12): 3395-3398.

[96] Song Shengyi, Guan Yongchao, Zou Wenkang, et al. Circuit modeling for PTS's magnetically insulated transmission lines [J]. IEEE Transactions on Plasma Science, 2014, 42(10): 2998-3003.

[97] 杨宝初，刘晓波，戴玉. 高电压技术[M]. 重庆：重庆大学出版社，2001.

[98] Zou Xiaobing, Shi Huantong, Xie Hong, et al. Using fast moving electrode to achieve overvoltage breakdown of gas switch stressed with high direct voltages [J]. Review of Scientific Instruments, 2015, 86(3): 034705.

[99] 韩旻,邹晓兵,张贵新. 脉冲功率技术基础[M]. 北京: 清华大学出版社,2010.

[100] 毛志国,邹晓兵,刘锐,等. 一种 10 kV 方波电压发生器[J]. 高电压技术,2007, 33(10): 41-44.

在学期间发表的学术论文

发表的代表性学术论文

[1] **Mao Chongyang**, Wang Xinxin, Zou Xiaobing, et al. Investigation of monolithic radial transmission lines for Z-pinch [J]. IEEE Transactions on Plasma Science, 2017, 45(10): 2639-2647.

[2] **Mao Chongyang**, Wang Xinxin, Zou Xiaobing, et al. Experiments of a monolithic radial transmission line[J]. Review of Scientific Instruments, 2016, 87(11): 114702.

[3] **Mao Chongyang**, Zou Xiaobing, Wang Xinxin. Note: A novel method for generating multichannel quasi-square-wave pulses[J]. Review of Scientific Instruments, 2015, 86(8): 086110.

[4] **Mao Chongyang**, Zou Xiaobing, Wang Xinxin. Three-dimensional electromagnetic simulation of monolithic radial transmission lines for Z-pinch[J]. Laser and Particle Beams, 2014, 32(4): 599-603.

[5] **Mao Chongyang**, Zou Xiaobing, Wang Xinxin. Analytical solution of nonuniform transmission lines for Z-pinch[J]. IEEE Transactions on Plasma Science, 2014, 42(8): 2092-2097.

[6] Zhang Rui, **Mao Chongyang**, Huang Kun, et al. Comparison of nonuniform transmission lines with gaussian and exponential impedance profiles for Z-pinch[J]. IEEE Transactions on Plasma Science, 2012, 40(12): 3395-3398.

致　谢

本书的研究工作是在我的导师王新新教授的悉心指导下完成的。在近五年的时间里，王老师始终不辞辛苦、毫无保留地对我进行教导和指正。每当我遇到困难，感觉前途渺茫，不知路在何方时，王老师总能拨开那浓密的乌云，让我看到阳光和希望。在王老师的言传身教下，我不但获得了学术水平和能力的提升，更学到了诸多人生的哲理。在此向王老师表示最诚挚的敬意和最衷心的感谢。

在博士课题进展期间，清华大学电机系气体放电与等离子体实验室邹晓兵教授、罗海云副教授多次与我讨论并给出建议，在此深表谢意。在课题进展遇到困难时，还得到清华大学电机系袁建生教授、国防科技大学张瑜博士的建议和帮助，不胜感激。

在日常的学习、生活和科研中，得到了清华大学电机系气体放电与等离子体实验室张蕊、朱鑫磊、黄昆等师姐师兄及石桓通、刘凯、刘华、谢宏等同学的帮助，在此一并表示感谢。

受国家留学基金委联合培养博士生项目资助，我在美国新墨西哥大学电气与计算机工程系进行了为期 11 个月的联合培养。在此期间，承蒙 Jane Lehr 教授的热心指导与帮助，使我在英文水平和学术水平两方面都受益匪浅，不胜感激。此外，还得到了 Jon Cameron Pouncey 博士的热心帮助，深表谢意。我独自一人出国在外，人地两生，特别感谢三位室友陈泰任同学、娄浴铭同学和缪志强同学以及其他朋友在生活上给予我的莫大帮助。

最后，特别感谢父母的养育之恩，感谢他们一直以来对我的支持、鼓励和信任。感谢我亲爱的女朋友程亭婷在近五年的时光里给予我的陪伴和带给我的快乐。

本课题承蒙国家自然科学基金和中国工程物理研究院脉冲功率科学与技术重点实验室基金项目资助，特此致谢。